抠图+修图+调色+合成+特效 Photoshop 核心应用5项修炼（第2版）

李晓琳 编著

人民邮电出版社
北京

图书在版编目（CIP）数据

抠图+修图+调色+合成+特效Photoshop核心应用5项修炼 / 李晓琳编著. -- 2版. -- 北京 : 人民邮电出版社, 2024.1

ISBN 978-7-115-60960-1

Ⅰ. ①抠… Ⅱ. ①李… Ⅲ. ①图像处理软件 Ⅳ. ①TP391.413

中国国家版本馆CIP数据核字(2023)第116660号

内 容 提 要

本书是主要讲解如何用 Photoshop 处理图片和做商业设计的教程，核心内容包括抠图、修图、调色、合成和特效。

全书以案例为主导，这些案例均源自经验丰富的设计师、商业修图师，并由 Adobe Photoshop 产品专家根据读者的学习习惯进行优化、润色，力求给读者带来最佳的学习体验。讲解案例时注重从实际问题出发，先讲解决问题的思路，再讲如何通过 Photoshop 实现，这些问题是通过大量的实际调研总结出来的，很有代表性。

随书提供配套资源，包括书中案例所需要的素材文件和部分案例的 PSD 源文件，还包括配套教学视频，视频由设计师亲自录制，读者可以将图书与视频结合起来进行学习。

本书适合零基础、想快速提高图片处理水平的读者阅读。

◆ 编　　著　李晓琳
责任编辑　杨　璐
责任印制　马振武

◆ 人民邮电出版社出版发行　　北京市丰台区成寿寺路 11 号
邮编　100164　　电子邮件　315@ptpress.com.cn
网址　https://www.ptpress.com.cn
北京瑞禾彩色印刷有限公司印刷

◆ 开本：787×1092　1/16
印张：15　　　　2024 年 1 月第 2 版
字数：468 千字　　2024 年 1 月北京第 1 次印刷

定价：89.90 元

读者服务热线：(010)81055410　印装质量热线：(010)81055316
反盗版热线：(010)81055315
广告经营许可证：京东市监广登字 20170147 号

关于本书

在傻瓜式的修图工具满天飞的时代，Photoshop 可以做什么？近年来很多人都提出了这个疑问，认为 Photoshop 独领风骚的时代将一去不复返。

为此我们调研了很多用户，包括专业人士和普通大众、爱好者，得出的结论是令人惊喜的，Photoshop 依然以其强大的优势，被越来越多的人所热爱着。本书则是在经过大量调研后，根据大多数用户的实际需求编写而成的。

写作目的

Photoshop 可以做很多事情，本书主要解决的问题是图片处理和商业设计。

主要内容

本书共分为 6 个模块。

模块 1 是抠图，介绍了常用的抠图工具，并配有多个案例，帮助读者熟悉常用工具和相关操作。

模块 2 是修图，讲解了修图的一些常识和较常用到的工具，配有多个不同类型的修图案例，帮助读者掌握修图的主要技能。

模块 3 是调色，介绍了调色的理论知识和常用工具，用多个案例讲解了常用的几种色调的调色方法。

模块 4 是合成，介绍了合成的要点，这个模块综合运用了 Photoshop 的多种功能和命令，如抠图、修图、调色等，用案例讲解不同情况下的合成操作。

模块 5 是特效，介绍了特效的要点，用案例讲解了几种类型的特效制作方法。

模块 6 是综合实训，包含了模特封面照修饰、汽车广告等案例，这几个案例都是重量级的商业案例。完成这几个商业案例后，读者就可以出师了。

本书配有配套资源，包括本书案例中所需要的素材文件和部分案例的 PSD 源文件，还包括配套的教学视频，视频均由多位设计师亲自录制，读者可以结合视频进行学习。

本书特色

本书从用 Photoshop 解决问题的角度，从抠图、修图、调色、合成和特效 5 个模块，分别讲解了基础知识和常用的工具，方便读者根据需要进行学习，更加有针对性和实用性。每个模块均配有相关商业案例，让读者在操作中熟悉 Photoshop 的使用方法。

注意

建议读者使用高版本软件练习书中的案例，本书案例及视频均在 Photoshop 2022 中完成，但书中 90% 以上的内容均可通过低版本 Photoshop 实现。

本书部分案例临摹了网络上收集的设计稿，仅为了向更多的新人分享技法，无侵权之意，出处无法一一核实，望原著设计师理解。

最后，Photoshop 是 Adobe 公司最棒的产品之一，大家要使用正版的 Photoshop 软件来学习本书内容。

编者

本书导读

1.版式说明

模块 3 调色

项目8 复古色调

学习目标

掌握复古色调调整方法。

任务实施

视频：视频\模块3\21复古色调
素材：练习\模块3\项目8 复古色调\复古色调.jpg

01 分析原图 这张图片比较有欧美复古的感觉。在调色的时候，希望能有一些复古的灰色调，同时让片子的感觉更朦胧一些，更契合模特慵懒的姿态。

02 做明暗 调色前的第 1 步都是先调整图片的明暗。感觉图片整体有点暗，新建曲线调整层，将图片稍微提亮，然后再把暗部压下去一些，这样在提亮亮部的时候就不会让暗部太灰。

提示
并不是随便拿到一张片子都可以进行复古色调，能拍摄出复古的感觉更重要。

117

配套资源路径
视频和素材的位置，便于读者查看。

步骤
图文结合进行讲解，有操作步骤，也有对案例及图片的深入剖析。

关键词
重要的知识点或操作要点，用黄底色强调。

技巧和说明
在讲解过程中配有大量的Photoshop使用技巧，帮助读者快速提升Photoshop水平。

2.学习建议

在阅读过程中看到：“滤镜”\“模糊”，意为“滤镜”菜单中的“模糊”命令。

在阅读时看到：按快捷键Ctrl+Alt+E，意为在键盘上同时按下相应的按键。

在学完某个内容后，建议用自己的照片或朋友的照片进行练习，巩固所学知识。

资源与支持页

本书由“数艺设”出品，“数艺设”社区平台（www.shuyishe.com）为您提供后续服务。

配套资源

书中所有案例的素材文件和PSD源文件；

书中所有知识点和案例讲解的在线教学视频。

资源获取请扫码

“数艺设”社区平台，为艺术设计从业者提供专业的教育产品。

与我们联系

我们的联系邮箱是 szys@ptpress.com.cn。如果您对本书有任何疑问或建议，请您发邮件给我们，并请在邮件标题中注明本书书名及ISBN，以便我们更高效地做出反馈。

如果您有兴趣出版图书、录制教学课程，或者参与技术审校等工作，可以发邮件给我们。如果学校、培训机构或企业想批量购买本书或“数艺设”出版的其他图书，也可以发邮件联系我们。

如果您在网上发现针对“数艺设”出品图书的各种形式的盗版行为，包括对图书全部或部分内容的非授权传播，请您将怀疑有侵权行为的链接通过邮件发给我们。您的这一举动是对作者权益的保护，也是我们持续为您提供有价值的内容的动力之源。

关于“数艺设”

人民邮电出版社有限公司旗下品牌“数艺设”，专注于专业艺术设计类图书出版，为艺术设计从业者提供专业的图书、视频电子书、课程等教育产品。出版领域涉及平面、三维、影视、摄影与后期等数字艺术门类，字体设计、品牌设计、色彩设计等设计理论与应用门类，UI设计、电商设计、新媒体设计、游戏设计、交互设计、原型设计等互联网设计门类，环艺设计手绘、插画设计手绘、工业设计手绘等设计手绘门类。更多服务请访问“数艺设”社区平台 www.shuyishe.com。我们将提供及时、准确、专业的学习服务。

目录

模块1 抠图

模块2 修图

模块3 调色

| WARM HOME | 好品质，好生活！|
现代经典家居
时尚/舒适
古朴/典雅
700元起
部分货物和地区需要加木架费，详情请咨询客服：00000000
地域广阔，家具也属于特殊商品，只能发物流，不是所有城市都能到达，详情请查看包物流城市表。
家具到达当地后需要您自提，如需送货需要加收一定的送货费用。

模块4 合成

模块5 特效

模块6 综合训练

模块1
抠图

从事淘宝美工工作，或在经营自己的店铺时，有大量的商品图片需要抠图；作为超市或其他商家做产品画册时，有大量的图片需要抠图；在做合成之前，首先要把需要合成的图片从原来的背景中分离出来。抠图是进行商业设计的必备技能之一。如何更快、更好地抠图？

项目1 掌握高效、高质量抠图的秘密

根据图片的用途及特点选择最佳的抠图方式。

1. 根据图片用途选择抠图方式

网络 如果抠出的图片用于网络发布，可以选择快速的抠图方式，如“魔棒工具”或快速选择，前提是做好拍摄工作。

印刷 如果抠出的图片用于印刷，则应尽可能选择精确的抠图方式，如“钢笔工具”；如果将用“魔棒工具”抠出的图片用于印刷，那么在屏幕上看图片的边缘很清晰，印刷出来后却有可能惨不忍睹。

2. 根据图片特点选择抠图方式

数量很多 有很多图片需要抠，而且时间很紧时，应选择最快的抠图方式。

主体和背景融为一体 天空中的白云、黑夜中的火焰，这种主体和背景融为一体的图像很难用“魔棒工具”“钢笔工具”抠出来，应使用更高级的抠图方法，如通道、图层的混合模式、混合颜色带等。

有虚有实 如果拍出的图片有虚有实，只用“钢笔工具”抠图的效果会显得假，让虚的部分变得更虚一点，看起来会更真实。

需要多次修改 如果抠出的图片有可能还需要更改，建议将抠出的选区转换为图层蒙版。

项目2 认识常用抠图工具

1. 软件界面

将“练习\模块1\1-1软件界面”中的图片拖曳到Photoshop中。

工作区 等待处理的图片在这里。

工具箱 最常用的Photoshop工具。

属性栏 在工具箱中选择一个工具后，这里可以设置该工具的属性。

菜单 所有的Photoshop命令。

面板 最常用的Photoshop命令和状态栏。

“缩放工具” 在工具箱中选择“缩放工具”，在图片上单击可以放大图片，按住Alt键时单击，可以缩小图片。另外，按住Alt键时滚动滚轮也可以缩放图片。

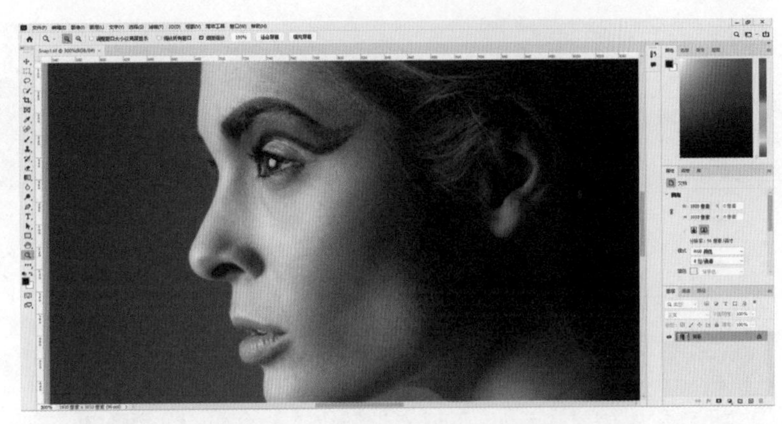

“抓手工具” 在工具箱中选择“抓手工具”，在图片上拖曳鼠标可以移动图片。另外，在正在使用工具箱中的其他工具操作图片时，按住空格键即可切换至“抓手工具”，松开空格键还原。

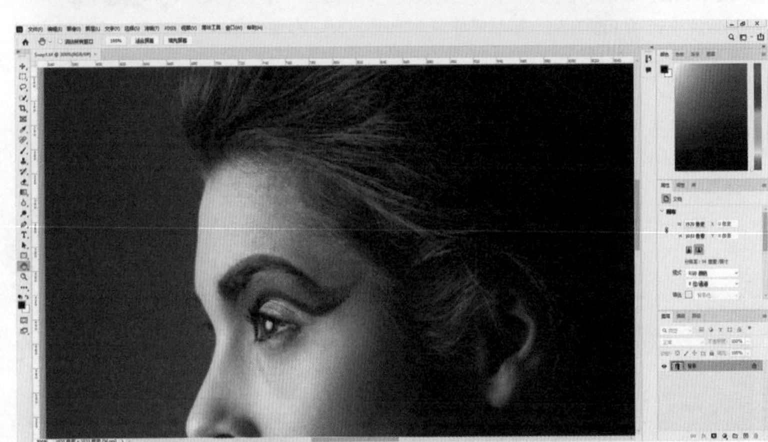

2. 图层

图层位于 软件界面的右下角。若无法找到，可以选择菜单中的“窗口”\“工作区”\“基本功能”，再命令选择“窗口”\“工作区”\“复位基本功能”命令。选择“窗口”\“图层”命令，可以直接打开“图层”面板，快捷键是F7。

图层可以 将图片拆分成多个部分，并且独立地操作每一个部分，其他部分不受影响。

图层的操作 打开“练习模块1\1-2 图层\图层的作用.tif”，这是一个包含了图层的文件。

01 打开“练习\1-2 图层\图层的作用.tif”。接下来将用这个文件来了解图层的基础操作。

02 **显示和隐藏** 单击图层左侧的眼睛图标可以控制图层的显示和隐藏，这样可以快速判断出图层所对应的图像。

03 上下关系 图层有上下关系，通过显示和隐藏即可看出，选中绿色小花所在的图层，然后把它拖曳到最上层。在图像中，它也会出现在最上层。

04 新建 单击“图层”面板右下角的“创建新图层”按钮，新建一个空白图层。空白图层上没有任何东西，可以在上面进行绘画、填色等操作。

提示

在一个有多个图层的图片文件中，若要操作某个图层，先要在“图层”面板中将该图层选中。

05 涂鸦 在工具箱中选择“画笔工具”，在“图层 3”上涂鸦，其他的图层不会受到影响。

06 删除 不想要的图层可以直接拖曳到“图层”面板右下角的“删除图层”按钮上进行删除，或按 Delete 键。可以看到，删除涂鸦的图层后，图像又恢复了原样。在用 Photoshop 进行电脑绘画时，可以将不同的对象分别画在不同的图层中，这样修改起来会很方便。

07 改名 如果一个图片中有多个图层，并且它们的命名都是“图层 1”“图层 1 拷贝”“图层 2”……的话，就很难快速地找到想要的图层。

08 在“图层”面板中双击图层的名称，如“图层 1”，将其改为一个容易识别的名字，如“红花”，这样可以快速地找到红花图像所在的图层。

⑨ 移动 在"图层"面板中单击红花所在的图层，然后在工具箱中选择"移动工具"，在图像中按住鼠标拖曳可移动红花的位置。

⑩ 复制 在"图层"面板中，将"图层 1"拖曳到下方的"创建新图层"按钮上，"图层 1"会被复制一份，即"图层 1 副本"。复制图层中的图像与原图层中的图像在同一位置，所以会被完全遮挡，看不出来。

⑪ 用"移动工具"在图像上拖曳，即可看到复制后的图层。另外，选中图像所在的图层后，使用"移动工具"，按住 Alt 键拖曳鼠标，也可以复制图层。

⑫ 拖入新图层 在"练习\1-2 图层"文件夹中选中"灰色的花.tif"，按住鼠标将其拖曳 Photoshop 的当前图片中，拖入的图片会自动建立一个新的图层。

⑬ 不透明度 选中"图层 2"，这个图层是文字下方的白色色块，在"图层"面板右上角的"不透明度"文本框中输入一个数值，如 57%，色块会变成半透明，后边的花也会显露出来。

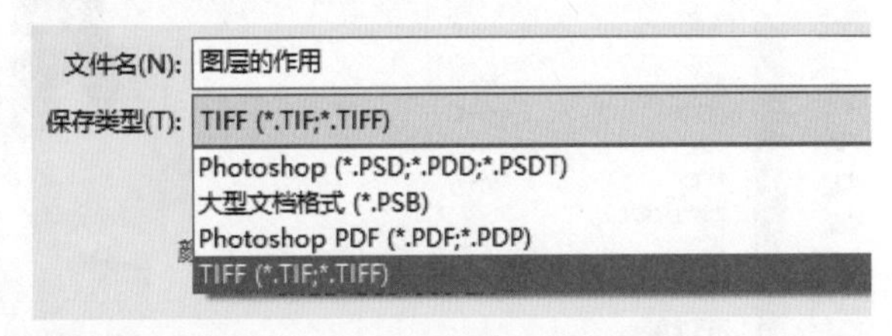

⑭ 保存图层 选择菜单栏中的"文件"\"存储为"命令，在打开的对话框的"保存类型"下拉列表中，可以看到很多图片格式。如果想保留图层，可选择"Photoshop（*.PSD；*.PDD；*.PSDT）"或"TIFF（*.TIF；*.TIFF）"选项；如果不想保留图层，则可以选择"JPEG（*.JPG；*.JPEG；*.JPE）"选项。

提示

"文件"\"存储为"命令的快捷键是 Ctrl+Shift+S，它会另外将图片存储一份，而不影响当前正在操作的图片。

3. 移动工具

移动工具位于 工具箱第一个✣。

移动工具可以 移动、复制图层。

移动工具的操作 移动工具主要用来移动和复制图层，按住Shift键拖曳时可以沿着水平、垂直方向移动。

❶ 打开“练习\模块 1\1-3 移动工具”下的图片，在工具箱中选择“移动工具”，找到模特所在图层。

❷ 用“移动工具”在图像上拖曳可移动模特的位置，按住 Shift 键拖曳可实现水平移动。

❸ 按住 Alt 键并用“移动工具”拖曳，可以将模特所在图层复制一份。

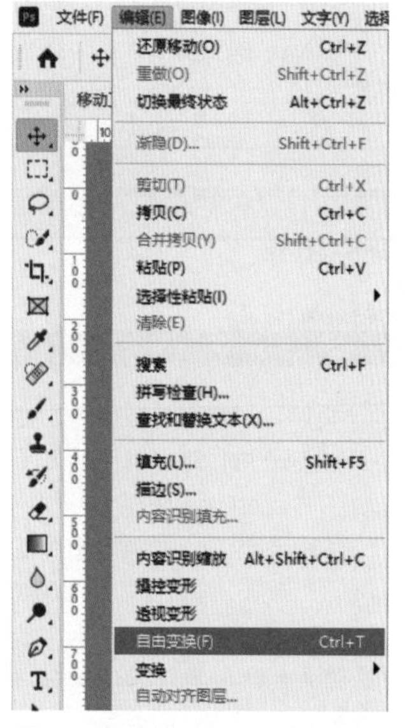

❹ 选中复制后的模特图层，执行“编辑”\“自由变换”命令。

❺ 按住 Shift 键，在出现的矩形框的角处拖曳，把模特图像拉大。

❻ 降低该图层的不透明度，使其成为背景。

4. 缩放工具

缩放工具 用来放大和缩小工作区中的图像显示尺寸，可通过设置其属性栏来精确控制缩放比例。

5. 魔棒工具 / 快速选择工具

魔棒工具 用于快速选择大面积的颜色，可以通过设置其属性栏的容差来控制选择的范围。

快速选择工具 是一个更智能化的“魔棒工具”，在图像上涂抹即可创建出选区。

它们可以快速抠选出简单背景上的对象。

提示

用“魔棒工具”创建的选区，边缘有可能参差不齐，在印刷时表现得非常明显，所以它通常用于快速创建要求不高的选区。

01 **用“魔棒工具”做选区** 打开“练习\模块 1\1-4 魔棒工具\1 魔棒 - 套索 .jpg”，在工具箱中选择“魔棒工具”。

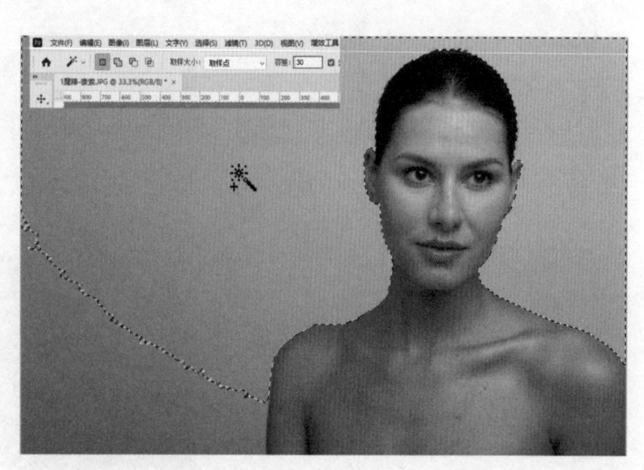

02 在属性栏里设置“容差”为“30”，用“魔棒工具”在图片的背景上单击，可以创建一个选区。“魔棒工具”可以选中颜色相近的区域，容差越大，选的范围越大。

03 将“容差”改为“50”，再次单击，可以看到，选择范围增大了。

04 按住 Shift 键单击未被选中的背景区域。

提示

“快速选择工具”和“魔棒工具”类似，可以快速选中颜色接近的区域。

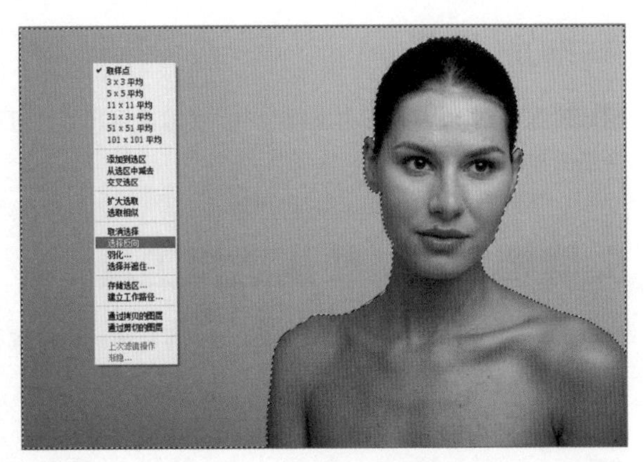

⑤ 所有的背景区域都被选中。

⑥ 在选区中单击鼠标右键，在弹出的菜单中选择“选择反向”命令。

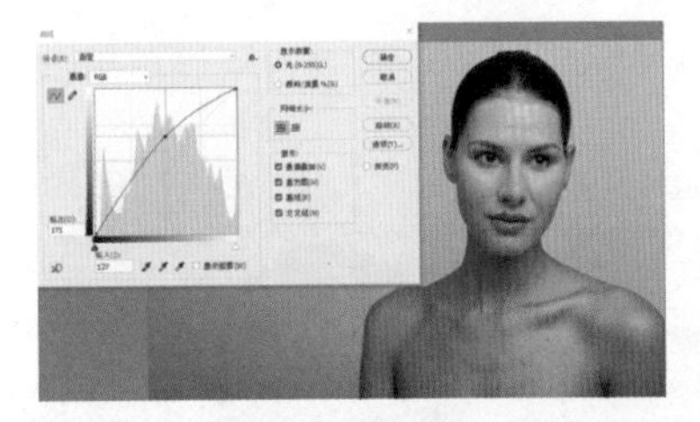

⑦ 选择反向后人物被选中。执行“图像”\“调整”\“曲线”命令，在“曲线”对话框中将中间的曲线向上拖曳。

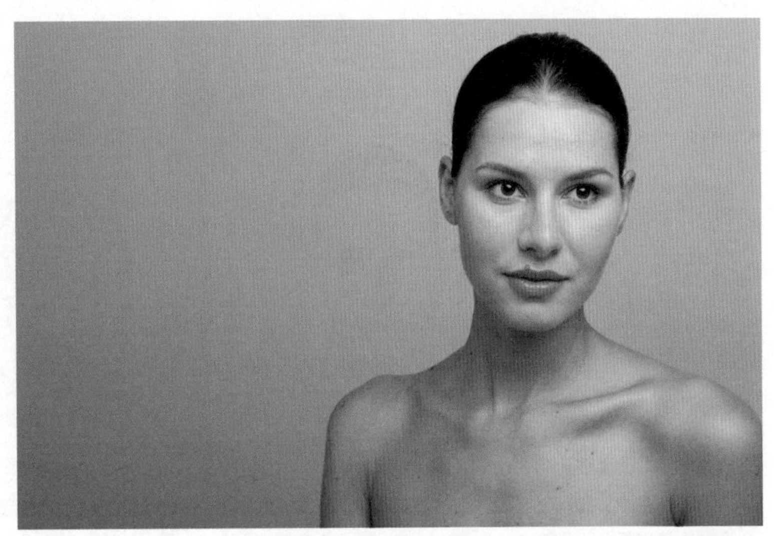

⑧ 因为是先建立选区，后调整曲线，所以人物被提亮，但背景没有发生任何变化。

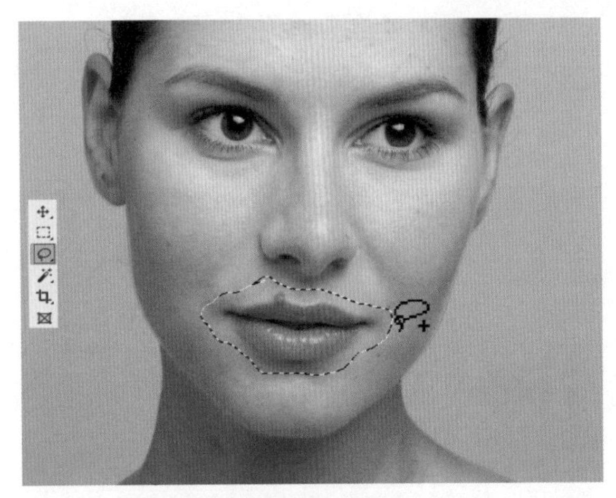

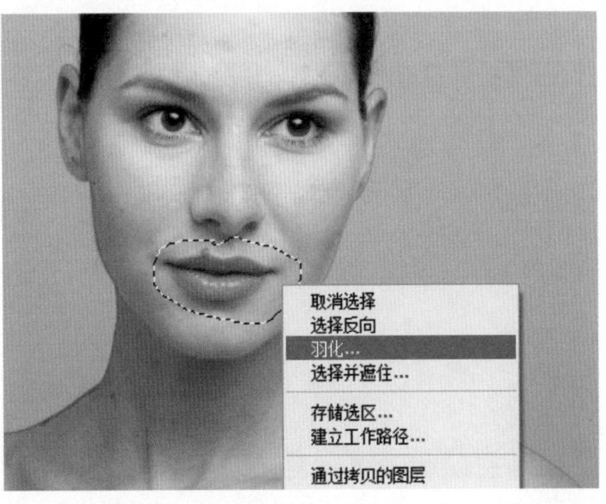

⑨ **用“套索工具”选中嘴巴并缩小** 在工具箱中选择“套索工具”，然后按住鼠标沿着嘴巴外围拖曳，做出如图所示的选区。

⑩ 在选区中单击鼠标右键，在弹出的菜单中选择“羽化”命令。

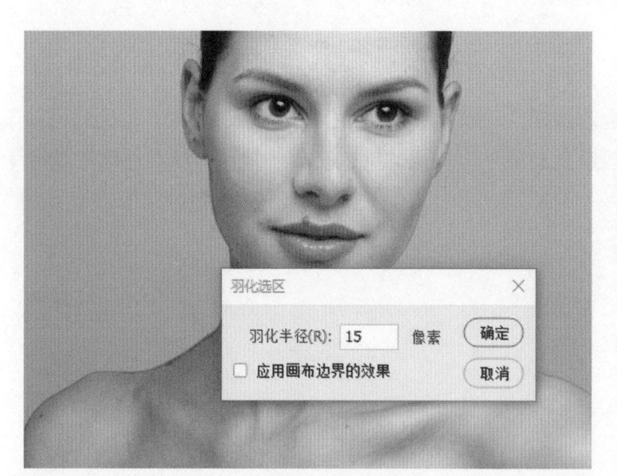

⓫ 在“羽化选区”对话框中将“羽化半径”设置为“15”像素。羽化后，再进行缩放操作就会比较自然，不容易穿帮。

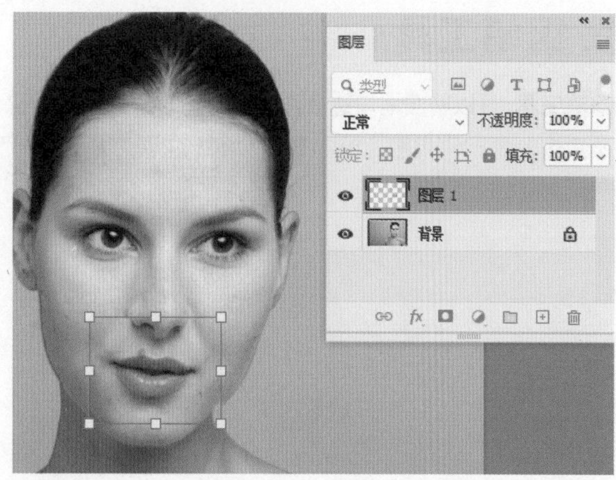

⓬ 按快捷键 Ctrl+J 将所选区域复制为新的图层。按快捷键 Ctrl+T，进行自由变换，按住 Alt 键和 Shift 键用鼠标将矩形框缩小，即可缩小嘴巴。

提示

“套索工具”适合快速地操作不需要非常精确的选区，并且用“套索工具”做完选区后，通常要加一些羽化，羽化可以使调整的区域与周围环境的过渡更自然。

⓭ 最终效果如图所示。模特的皮肤被调亮了，嘴巴略微变小了。

6. 钢笔工具

钢笔工具 可以精准地勾选出边缘清晰的对象，通常会配合添加锚点、删除锚点、转换点工具使用。

如果图片是印刷用图，就尽量用“钢笔工具”抠图，可以避免出现毛边。用“钢笔工具”快速而精准地抠图是抠图的必修课。

01 执行“文件”\“新建”命令，建立一个任意大小的文档，先来做个使用“钢笔工具”的基础练习。

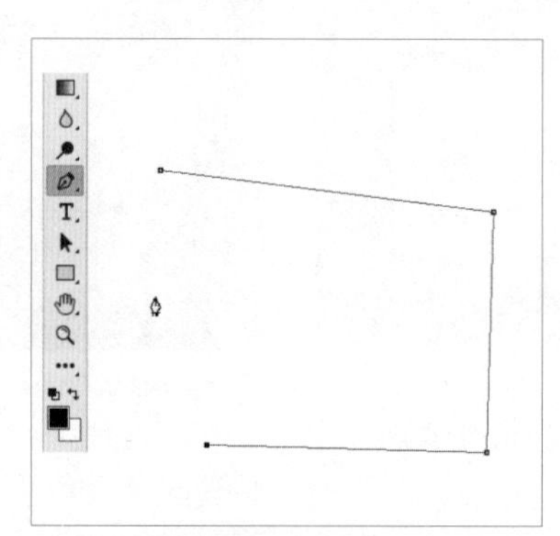

02 **用“钢笔工具”画直线** 在工具箱中选择“钢笔工具”。在工作区中连续单击，即可创建直线。

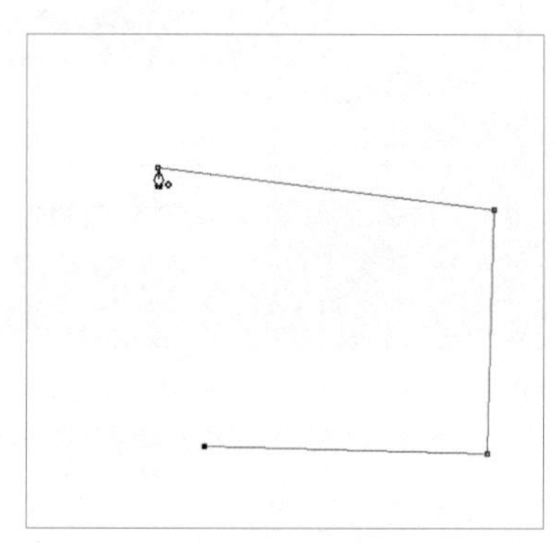

03 在第 1 个点上单击，即可闭合路径。

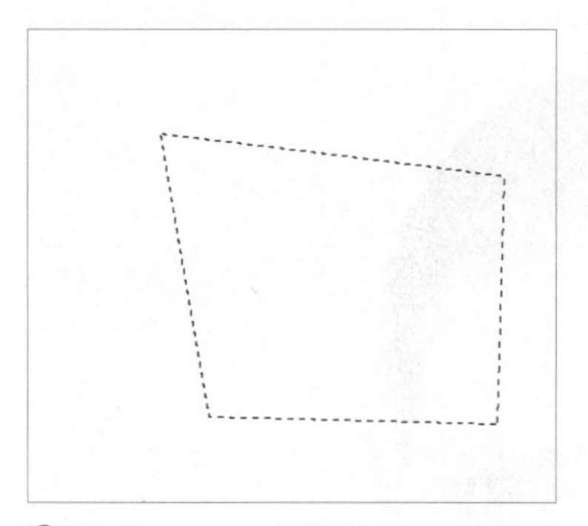

04 按 Ctrl+Enter 快捷键可以将路径转换为选区。

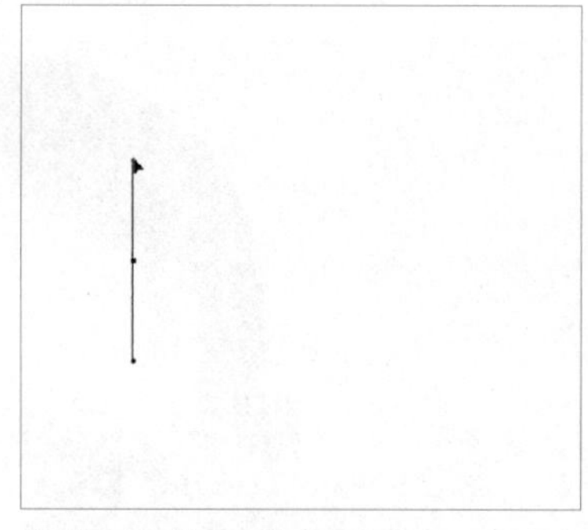

05 **用“钢笔工具”画曲线** 在工作区中按住鼠标直接向上拖曳，创建曲线的第一个点。图中看到的实心方块为锚点，其上下为方向线，方向线只用来控制曲线的弧度，不属于曲线的组成部分。

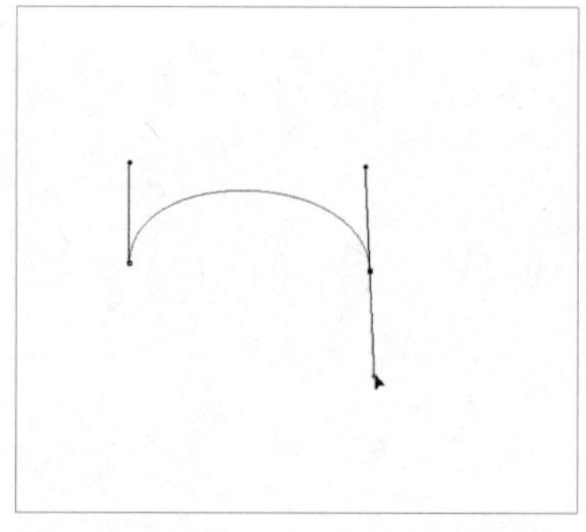

06 在右侧按住并向下拖曳鼠标，即可创建一条曲线，曲线的两端有两个锚点，还有两条方向线。

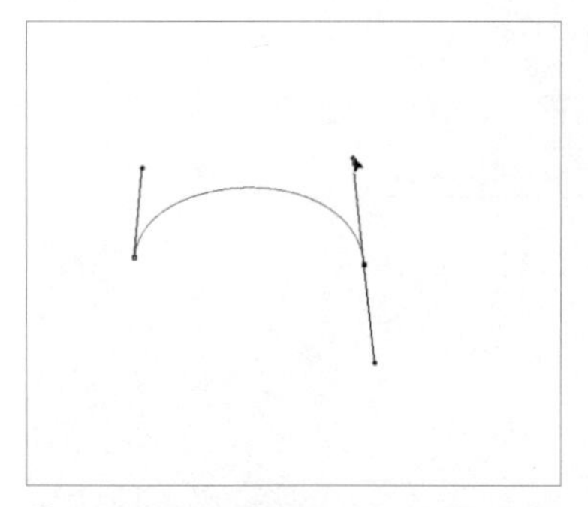

07 按 Ctrl 键，鼠标指针会变为白色箭头的形状，此时可以对当前曲线进行调整。拖曳方向线，可以改变曲线的角度及弧度。

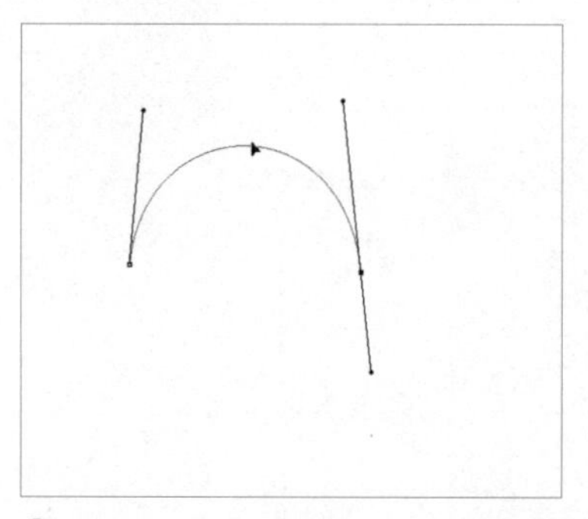

08 按 Ctrl 键后，直接在曲线上拖曳，同样可以改变曲线的形状。

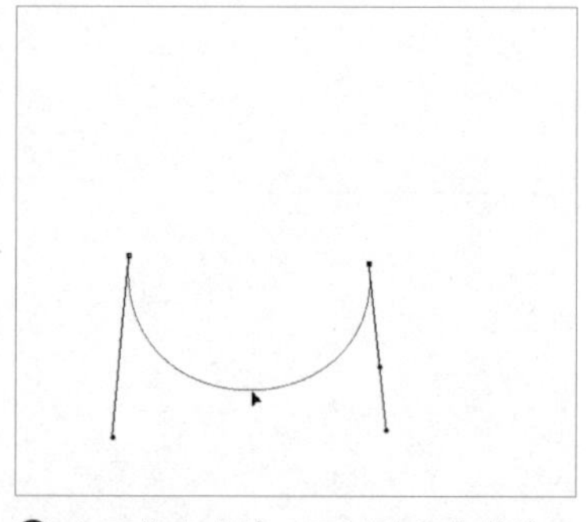

09 向下拖曳曲线，可以改变曲线的开口方向。

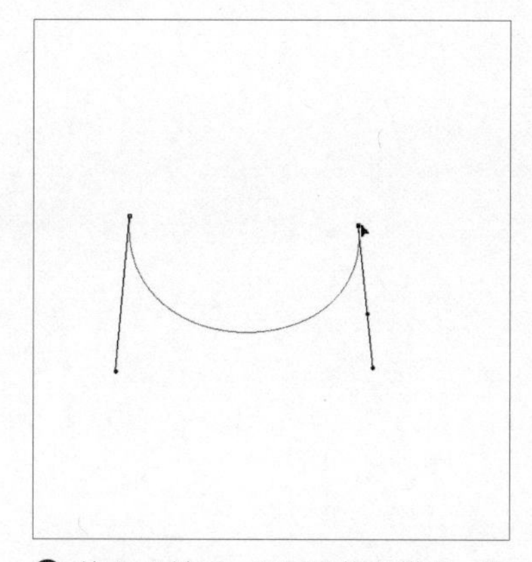

⑩ 按Ctrl键后，还可以拖曳锚点，改变曲线的宽度。

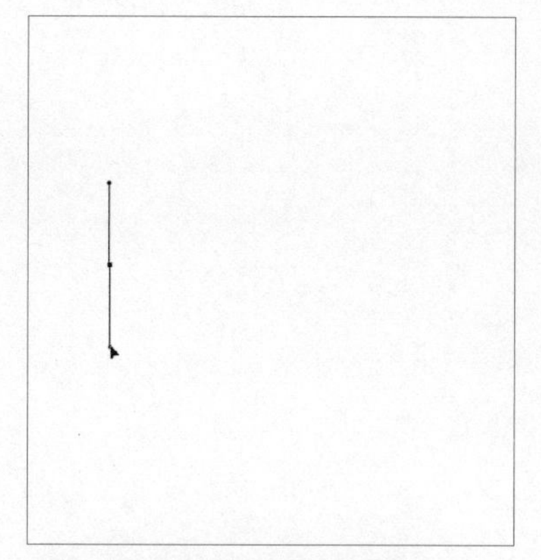

⑪ **用“钢笔工具”画S形曲线** 在工具箱中选择“钢笔工具”，在工作区中按住鼠标并向下拖曳，创建第1个锚点。

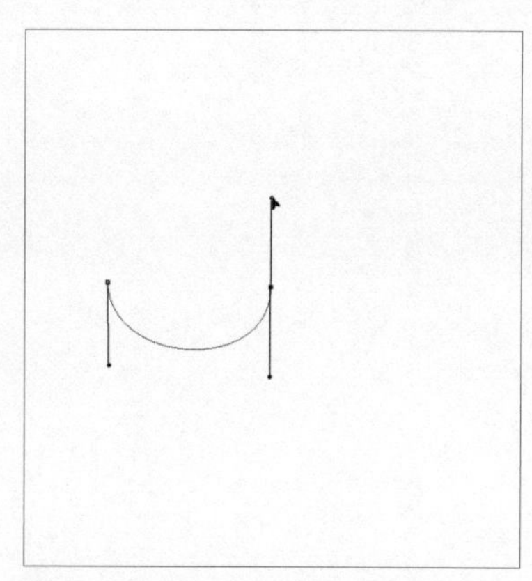

⑫ 在右侧按住鼠标并向上拖曳，创建第2个锚点。

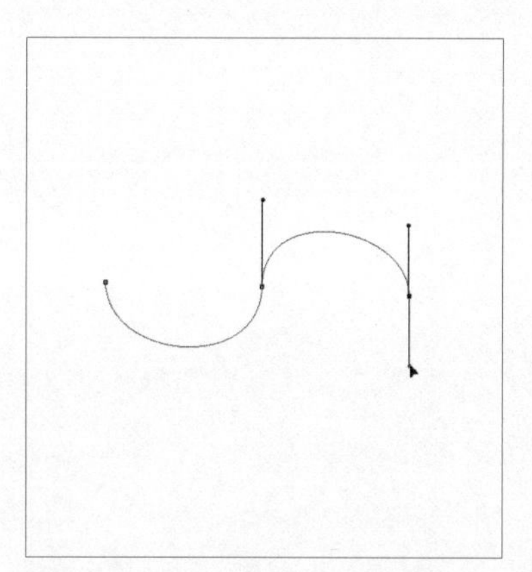

⑬ 再在右侧按住鼠标并向下拖曳，得到第3个锚点，得到一个S形曲线。

⑭ **用“笔画工具”画连续拱形** 用“钢笔工具”向上拖曳，创建第1个锚点。

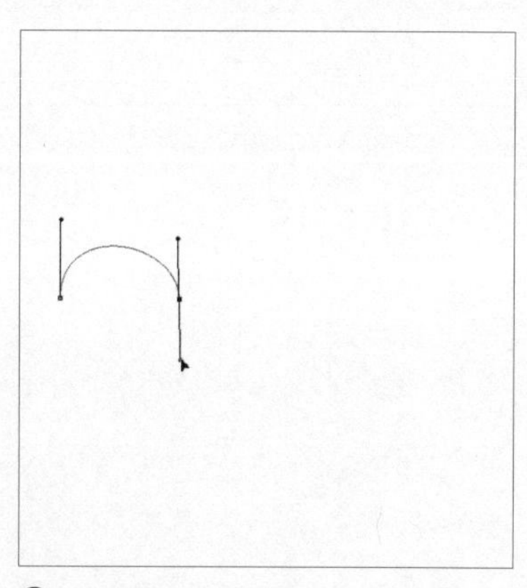

⑮ 在右侧向下拖曳鼠标，创建第2个锚点，得到第1个拱形。

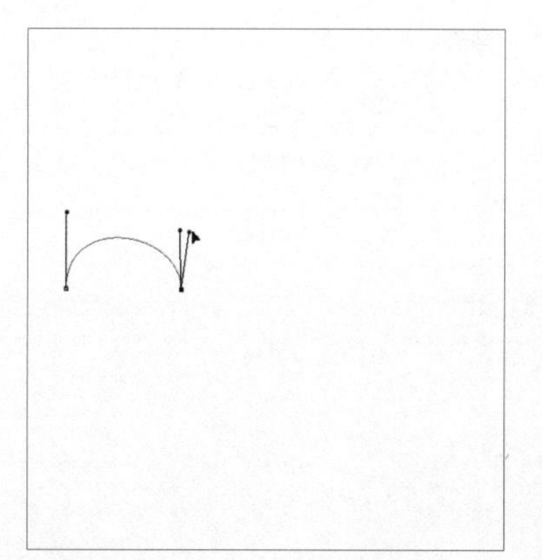

⑯ 按住Alt键，把下方的方向线转到上方。

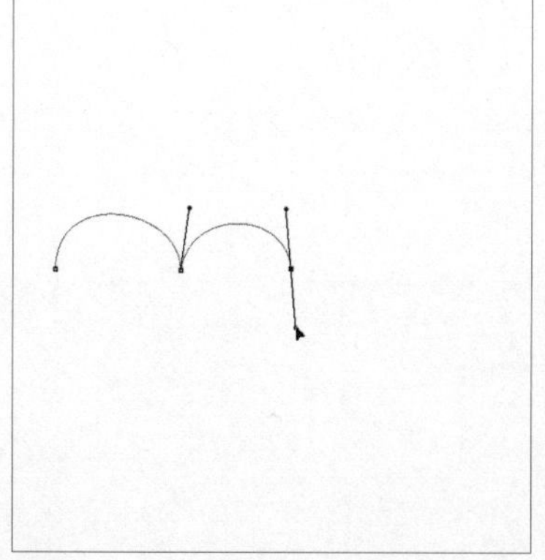

⑰ 在右侧按住鼠标并向下拖曳，创建出第2个拱形。

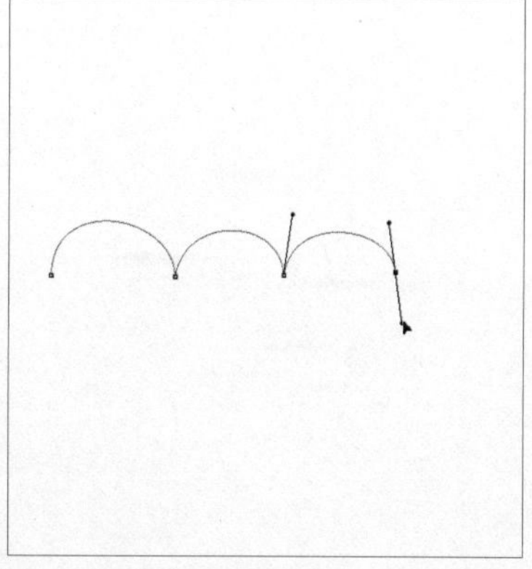

⑱ 用同样的方法绘制出第3个拱形。

⑲ **用“钢笔工具”画直线 + 曲线** 用“钢笔工具”单击，创建第 1 个锚点。

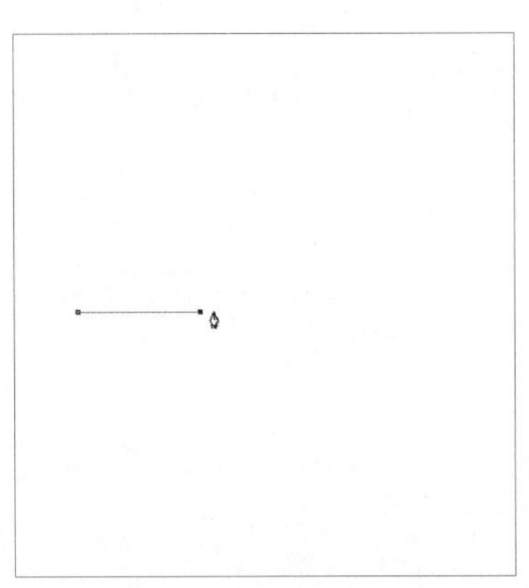

⑳ 在右侧单击，创建第 2 个锚点。

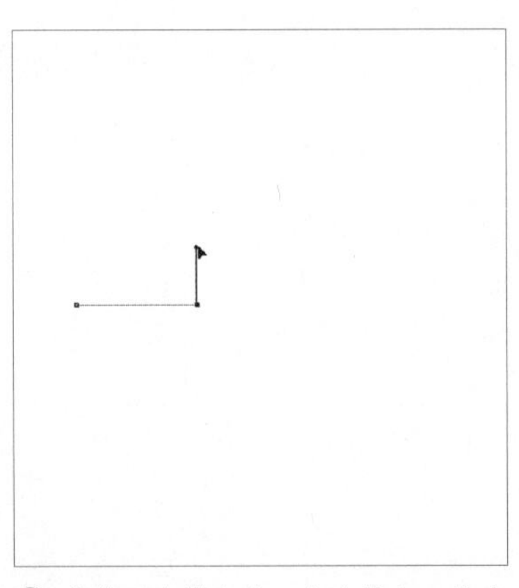

㉑ 在第 2 个锚点上，向上拖曳，拖出一条方向线。

提示

这里花了很大的篇幅来讲解“钢笔工具”的基本用法，虽然很枯燥，但是对于初学者来说，熟练掌握“钢笔工具”的基本用法，对于完成复杂案例非常重要，在 Photoshop 中，很多精细的抠图都是用“钢笔工具”来完成的。

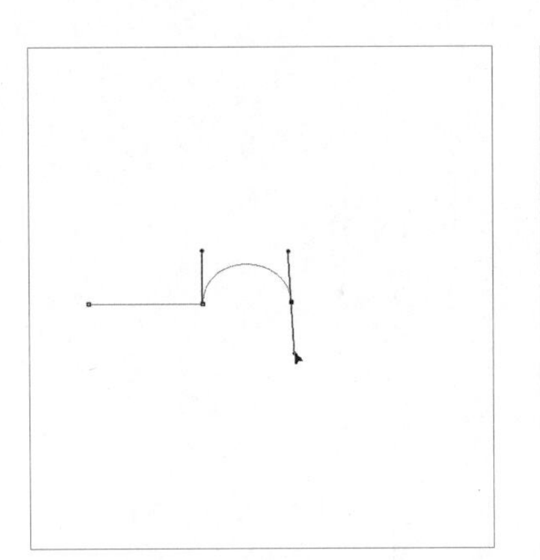

㉒ 在右侧拖曳，创建出一条曲线。

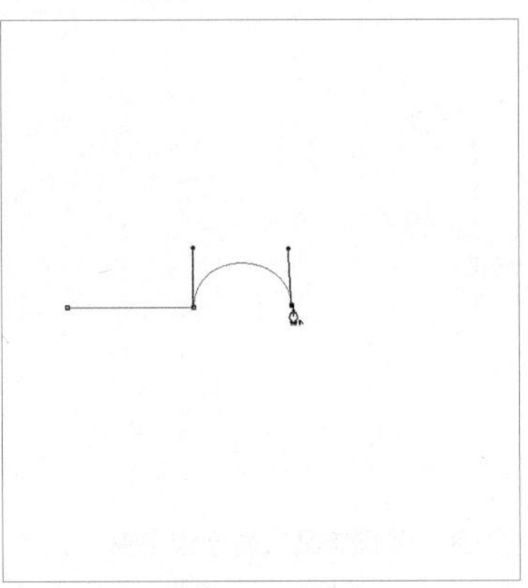

㉓ 在曲线右侧的锚点上单击，会将锚点下方的方向线去除。

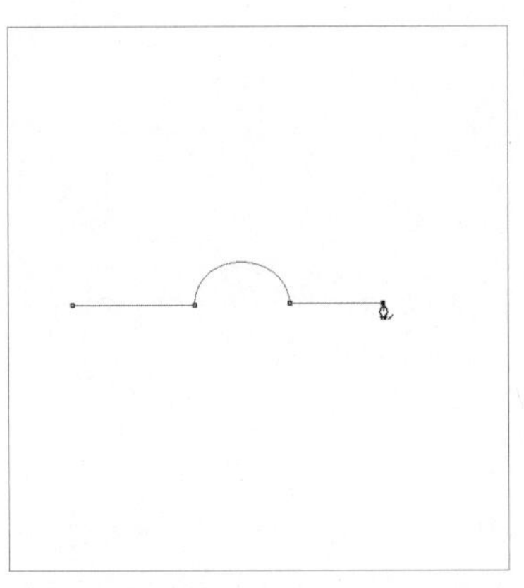

㉔ 再在右侧单击，可以得到一条新的直线。

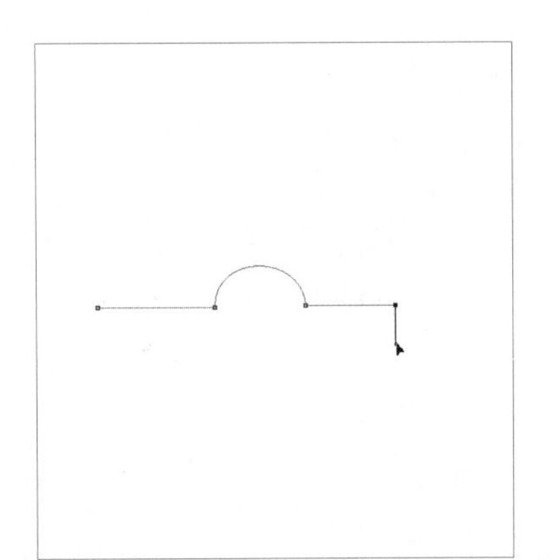

㉕ 在直线右侧的锚点上向下拖曳，得到一条方向线。

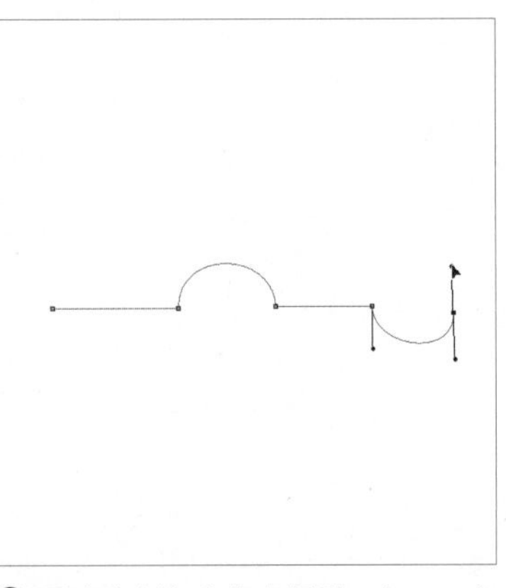

㉖ 再在右侧向上拖曳得到一条开口向上的曲线。

提示

“钢笔工具”的基本操作就介绍完了，建议读者跟着多练习几遍，以达到熟练运用的程度。

7. 全局调整

使用任何可以创建选区的工具创建一个选区后，即可用“选择并遮住”命令打开的属性面板中的“全局调整”功能，对选区进行优化，这个功能在处理头发细节时很有效。

01 打开“练习\模块 1\1-5 调整边缘\CS5 调整边缘 .jpg”。

02 用“钢笔工具”大致勾出头发，然后按 Ctrl+ 回车键，将路径转换为选区。

03 在选区中单击鼠标右键，在弹出的菜单中选择“选择并遮住”命令。

04 选区以外的部分会被遮挡起来。此时在头发边缘涂抹，Photoshop 会自动将头发与背景分离。

05 通过设置“平滑”“羽化”“对比度”“移动边缘”4 个选项还可以对全局调整的处理结果进行进一步优化，读者可以自行尝试。

06 全局调整的结果可以输出为多种存储方式。

8. 混合颜色带

混合颜色带 可以将当前图层中亮的部分或暗的部分隐藏起来。首先，保证至少有2个图层，在上方图层中双击，在弹出的“图层样式”对话框的最下方即可看到混合颜色带，用鼠标向右拖曳“本图层”的黑色滑块即可隐藏当前图层中暗的部分，向左拖曳白色滑块即可隐藏亮的部分。

9. 色彩范围

色彩范围 可以快速选择特定的颜色，即使是树缝隙中的蓝天，也可以很好地选中。“色彩范围”命令在“选择”菜单中，配合Shift键，可以选择更多的颜色；配合Alt键可以从当前选中的颜色中删除不想要的颜色。在“色彩范围”对话框的缩略图中，白色表示选中的部分，黑色表示没选中的部分。

另外，色彩范围在调色时也经常会用到，如选中高光、中间调和阴影等。

10. 画笔工具和橡皮擦工具

画笔工具和橡皮擦工具位于 工具箱中，图标为（画笔工具）、（橡皮擦工具）。

画笔工具可以 画画、做选区、控制蒙版的显示和隐藏。

橡皮擦工具可以 擦掉画笔画得不好的地方。

画笔工具和橡皮擦工具的操作 涂抹。

01 **分层** 打开“练习\模块1\1-6画笔和橡皮\1画笔涂鸦.jpg”，在用“画笔工具”画画时，建议分层操作，便于修改。单击“图层”面板的“创建新图层”按钮，得到新图层。

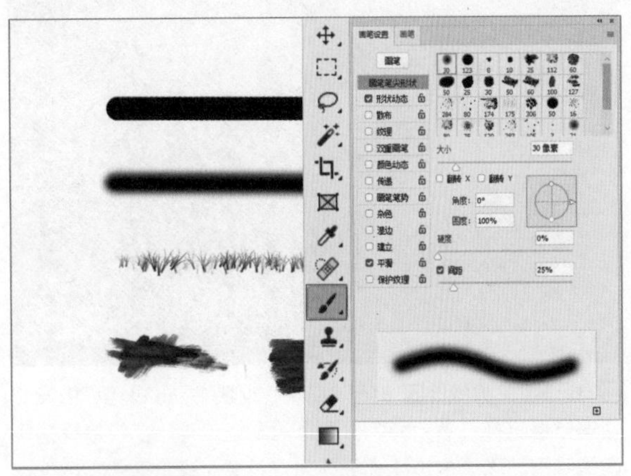

02 **设置“画笔工具”** 在工具箱中选择“画笔工具”，在属性栏上可以设置画笔的大小、硬度、笔头样式。硬度越大，画笔的边缘越实；硬度越小，画笔的边缘越虚。还可选择默认的图形笔刷，也可以到网站上下载不同类型的笔刷，载入到画笔中即可应用。

03 **涂鸦** 用“画笔工具”可以在图片上涂鸦。

04 **设置颜色** 双击前景色，在弹出的面板中选择颜色，即可变换画笔的颜色。

05 将变换了颜色的画笔在图片上涂抹，按住【键或】键，可以改变画笔的大小。

06 如果有画不好的地方，可以用“橡皮擦工具”擦掉，设置与“画笔工具”相同，只是它们的功能是相反的。

⑦ **用画笔工具做选区** 打开“练习\模块 1\1-6 画笔和橡皮\2 快速蒙版选择嘴唇.jpg”，选择“画笔工具”，要选择的范围是嘴唇，嘴唇的边缘柔和，所以设置“硬度”为“0%”。单击工具箱中的“快速蒙版”图标，进入快速蒙版编辑模式，涂抹嘴唇，如果有涂抹不好的地方可以用“橡皮擦工具”擦除，同样的“橡皮擦工具”的“硬度”也为“0%”。

⑧ 单击“快速蒙版”图标，将没有涂抹到的地方变为选区。

⑨ 按 Ctrl+Shift+I 快捷键，反向选择选区，即可选中嘴唇。

⑩ 单击“图层”面板的“创建新的填充或调整图层”按钮，选择“色相\饱和度”，调整色相即可改变嘴唇的颜色。

⑪ **控制蒙版的显示和隐藏** 打开“练习\模块 1\1-6 画笔和橡皮\3 用画笔控制蒙版 2 .jpg”，用“套索工具”圈选人物脸部。

⑫ 单击鼠标右键，在弹出菜单中选择“羽化”命令，将“羽化半径”设置为“10像素”，用“移动工具”拖曳选中的部分至“3 用画笔控制蒙版 1.jpg”中。

⑬ 按快捷键 Ctrl+T，进行自由变换，并减低图层的不透明度。按住 Shift 键调整图片大小，使其与左边女孩的脸部尽量融合。

⑭ 选择“画笔工具”，将“硬度”设置为“0%”，降低不透明度，前景色设置为黑色，为脸部图层添加蒙版。用“画笔工具”涂抹脸部衔接的边缘，使其与下面的图片融合即可。

提示

为图层添加蒙版。用黑色画笔涂抹画布中的元素，涂抹的地方会显示下方的内容；用白色画笔涂抹，则涂抹的地方不会显示下方的内容，起到遮挡的作用。

11. 图层蒙版

图层蒙版位于 “图层”面板下方，图标为 ◻。

图层蒙版可以 遮挡当前图层中不想看到的内容，显示其下面图层的内容。

图层蒙版的操作 图层蒙版可以用多种绘图工具操作，如画笔、渐变。

⓪① **用渐变控制蒙版** 在 Photoshop 中打开“练习 \ 模块 1\1-7 图层蒙版 \1 蒙版素材 1.jpg 和 1 蒙版素材 2.jpg”。

⓬ 用“移动工具”把蒙版素材 2 拖入“1 蒙版素材 1.jpg”中。

提示

蒙版的作用就是遮挡。在合成、局部细节调色等工作中，蒙版都有着非常重要的作用。

⓭ 选中“图层 1”，单击图层下方的按钮，为“图层 1”添加一个图层蒙版，图层蒙版为白色，图片上没有任何变化。

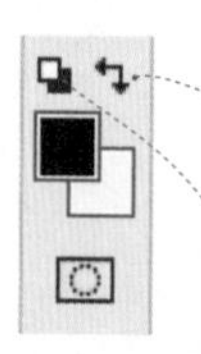

⓮ 单击**黑白小色块**，将前景色和背景色恢复为默认的白色和黑色，然后单击**双向箭头**，将前景色设置为黑色。

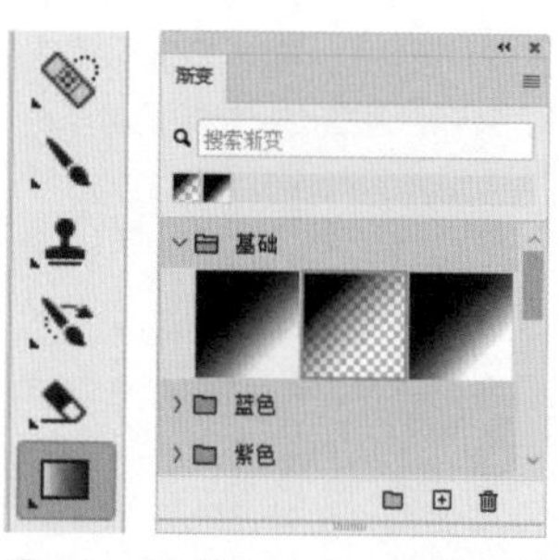

⓯ 在工具箱中选择“**渐变工具**”，在其属性栏的“渐变编辑器”中选择由黑到透明的渐变。

⓰ 在合适的位置按住鼠标，并沿着箭头所示的方向进行拖曳。

提示

在蒙版上拖曳渐变时，拖曳的路径越长，过渡越自然；拖曳的路径越短，过渡越生硬。

⓱ “图层 1”中，蒙版上黑色部分所对应的内容被“遮挡”，同时显露出下方背景层中的内容。因为是渐变式的过渡，所以选择由黑白到彩色的渐变会比较自然。

⑧ **用“画笔工具”控制蒙版** 在 Photoshop 中打开“练习\模块 1\1-7 图层蒙版\2 蒙版 - 比基尼 .jpg 和 2 蒙版 - 盘子 .jpg”。

⑨ 将素材拖入盘子素材中，并为“图层 1”添加一个图层蒙版。

⑩ 在工具箱中选择“画笔工具”并设置前景色为黑色，在图像上涂抹即可隐藏不想看到的内容。

⑪ 在工具箱中选择“橡皮擦工具”，在图像上涂抹即可将隐藏的内容显示出来。

提示

调用“画笔工具”的快捷键是 B，调用“橡皮擦工具”的快捷键是 E，默认黑白前景色\背景色的快捷键是D，交换前景色和背景色的快捷键是 X。这些快捷键经常会用到。

提示

在使用蒙版时要注意：首先要确认当前操作的是图层还是蒙版，如果在图层上涂抹，将会画出颜色来；如果在蒙版上涂抹，将会控制图层内容的显示或隐藏。选中图层或蒙版时，其周围会有一个小白框。

如果不想要图层蒙版，直接将其拖曳至“图层”面板中的“删除图层”按钮上即可，图片会恢复原状。

选中图层

选中蒙版

删除蒙版

项目3 抠出电商产品

学习目标

掌握用“钢笔工具”抠出边缘清晰图片的方法。

任务实施

视频：视频\模块1\1.抠出边缘清晰、用于印刷画册的图
素材：练习\模块1\1-8抠图\1化妆品素材.tif和1化妆品版面.tif

⓪① **分析** 前期拍摄时，在化妆品四周都进行了布光，使化妆品看起来更透亮，拍摄得也比较清晰，这样抠图才能做到精细。前期拍摄得好，后期抠图、修图都会变得轻松。本图将用于画册内页广告，所以用“钢笔工具”进行精细的抠图。

⓪② 因为要进行精细的抠图，所以在工具箱中双击“缩放工具”，使图片以实际像素显示，这样可以看到更多的图片细节。在工具箱中选择“钢笔工具”，沿着产品边缘切线的方向拖曳鼠标，然后在曲线和直线的交界处附近，再次拖曳鼠标。

⓪③ 得到的路径位于化妆品内侧，此时在瓶盖曲线的中间部位单击鼠标添加一个锚点，按住 Ctrl 键拖曳新建立的锚点，使其与化妆品边缘吻合。

⓪④ 得到调整后的效果。

⓪⑤ 在最下方的锚点上单击，并继续进行绘制。瓶盖下半部分的侧面边缘是比较直的，所以在合适的位置直接单击鼠标即可，不需要拖曳。

06 当再次遇到曲线时，沿着曲线切线的方向拖曳鼠标，生成一条方向线。

07 直线和曲线相接的小细节要仔细地处理好，配合 Ctrl 键和 Alt 键进行调整。

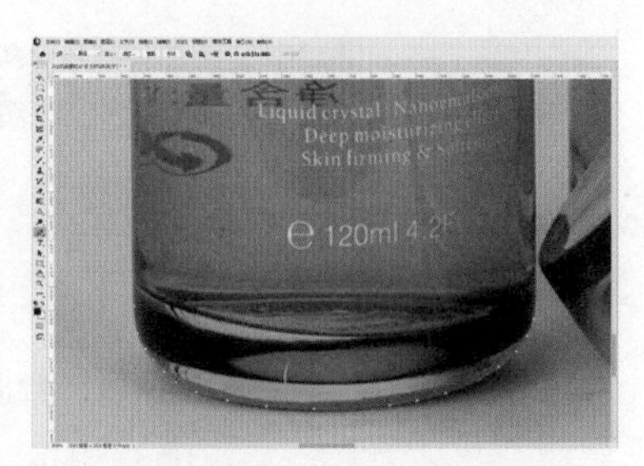

08 无论处理直线还是曲线，都要尽可能用最少的锚点，这样可以使抠出的图更加平滑。

09 最后不要忘记让路径闭合。

10 左边第一个化妆品抠完后的效果如图所示。

11 将所有的化妆品都用路径抠出来后，按 Ctrl+ 回车键将路径转换为选区。为了避免最终结果露白边，可以收缩一下选区，方法是执行“选择”\“修改”\“收缩”命令，在打开的对话框中将“收缩量”设置为“1”像素。

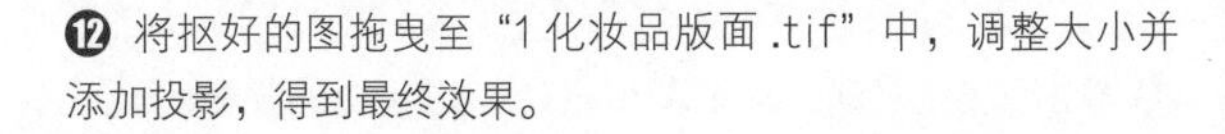

12 将抠好的图拖曳至“1 化妆品版面 .tif”中，调整大小并添加投影，得到最终效果。

项目4 抠出前实后虚的图

学习目标

掌握用“钢笔工具”和图层蒙版结合抠出前实后虚的图片的方法。

任务实施

视频：视频\模块1\2.抠出前实后虚的图

素材：练习\1-8抠图\2边缘模糊素材.tif和2边缘模糊版面.tif

01 **分析** 由于拍摄原因，相机的背部和侧面明显变虚，如果只用“钢笔工具”抠出来，会显得很假，需要进一步进行处理。

02 用“钢笔工具”将相机抠出，按 Ctrl+ 回车键转换为选区。

03 双击背景图层，将其转换为“图层 0”。

04 单击下方的“添加图层蒙版”按钮，将周围的背景遮挡。

⑤ 选中图层蒙版，在工具箱中选择“模糊工具”，在相机的背面和侧面涂抹。

⑥ 将抠好的图拖曳至“2 边缘模糊版面 .tif”中，得到最终效果。

项目5 替换大面积颜色

学习目标

掌握使用选中的特定颜色的方法。

任务实施

视频：视频\模块1\3替换大面积的颜色

素材：练习\1-8抠图\3红色的天空.jpg和3蓝天+大树.jpg

① **分析** 天空和地面的分界较为明显，但在树叶的缝隙中也有一些零散的天空，要想干净地将天空移除，建议使用色彩范围。

02 执行“选择”\“色彩范围”命令，勾选“本地化颜色簇”选项，按住 Shift 键在图像的天空部分拖曳鼠标，直至缩览图中的天空都变成了白色。

03 按住 Alt 键，在地面的白色部分单击，地面部分的白色会变成黑色，这样，天空就被单独分离出来了。

04 勾选“反相”选项，因为白色表示选中，所以，现在是树和地面被选中了。

05 根据选区添加图层蒙版。

06 拖曳到“3 红色的天空 .jpg”中并调色，效果如图所示。

提示

勾选“本地化颜色簇”选项，可以让选择范围控制在天空的范围内。当按住 Alt 键去除地面中多余的选择时，天空中已选择的部分不会受到什么影响。合成时，如果在树的周围有明显的白边，可以在做出选区后，先将选区收缩 1 像素，再添加蒙版。

项目6 抠出模特头发

学习目标

掌握用“钢笔工具”和“选择并遮住”命令快速抠头发的方法。

任务实施

视频：视频\模块1\4.抠出头发
素材：练习\1-8抠图\4头发.tif

01 **分析** 要想很好地抠出头发的细节又不愿意浪费时间，最好是做好前期拍摄工作，起码是在白背景下拍摄。

02 **用“钢笔工具”抠图** 模特除头发以外的部分，都要用“钢笔工具”仔细抠出，头发部分用“钢笔工具”抠出大致轮廓。然后按 Ctrl+ 回车键将路径转换为选区。

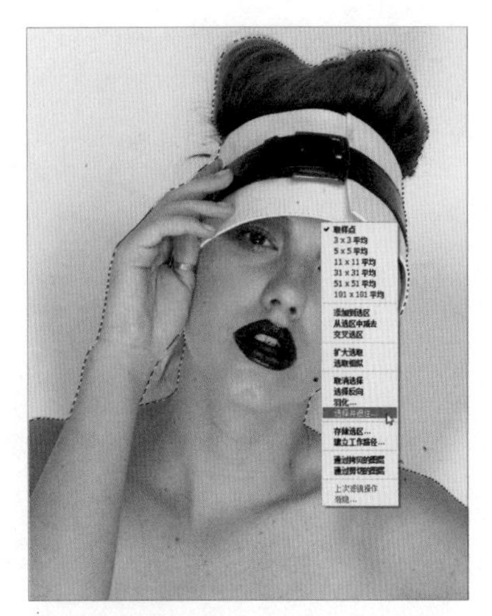

03 在工具箱中选择任意选区类工具，如“魔棒工具”，在图像上单击鼠标右键，在弹出的菜单中选择“选择并遮住”命令。

04 在“属性”面板中，设置“视图”为“黑底”，这样容易看出抠图效果。在头发边缘涂抹，Photoshop 会自动分离头发和背景。注意不要在头发以外的部分涂抹。基本得到头发的效果后，将“平滑”的滑块右移并观察变化，将“羽化”的滑块右移很少的数值并观察变化，将“移动边缘”的滑块左移并观察变化。最后，设置“输出到”为“新建带有图层蒙版的图层”，即可看到效果。

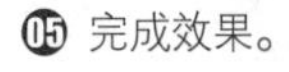

05 完成效果。

提示

实际工作中，很少会在网上随便找一张图片就用做设计，因此，用到复杂背景的抠图技法的地方并不是很多。

项目7 制作时尚杂志内页

学习目标

掌握综合应用抠图工具的技巧。

任务实施

1. 人物抠图

人物的抠图思路是，用“钢笔工具”仔细地抠出除头发以外的部分，头发部分只大概地勾勒轮廓，然后用“选择并遮住”中的属性设置进行处理。

01 打开“1-8抠图\抠图综合实例素材”下的图片，模特1.jpg和抠图版面.tif。

02 用“钢笔工具”从模特头部开始抠起，头发抠出轮廓即可，发丝最后用“调整边缘”擦出。

03 用“钢笔工具”仔细抠出衣服部分。在抠图时不要贴着边缘抠，要往里大概1像素的位置抠图，可以避免漏边。

04 按Ctrl+回车键，将路径转换为选区。

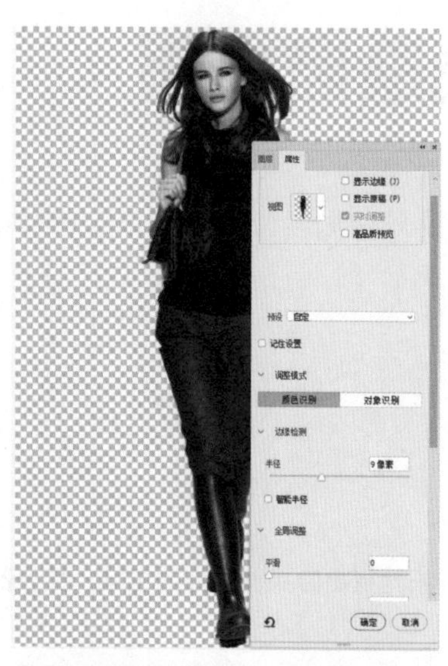

05 **抠头发** 在工具箱中选择任意选区类工具，如“椭圆选框工具”，在图像上单击鼠标右键，在弹出的菜单中选择“选择并遮住”命令。

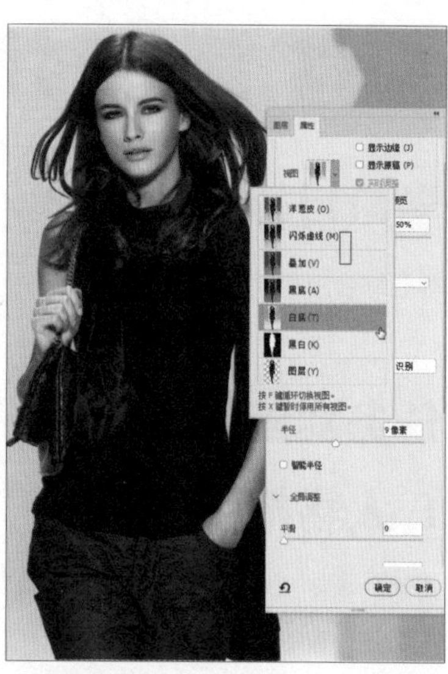

06 在“视图”下拉列表中选择“白底”选项，方便查看抠图效果。

07 用“缩放工具”放大模特上半身，然后选择“选择并遮住”命令，用鼠标在头发上涂抹，使发丝从背景中分离出来。

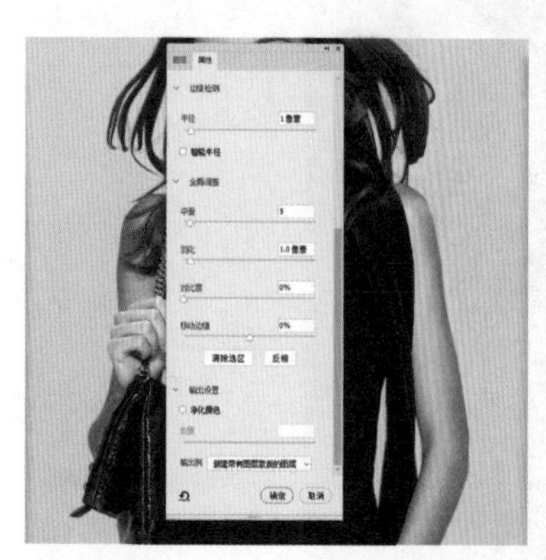

08 调整“平滑”和“羽化”的参数，减少发丝部分的背景边缘，使发丝抠得更干净，设置“输出到”为“新建带有图层蒙版的图层”。

09 **调整头发** 设置前景色为白色，选择“画笔工具”，设置“硬度”为“0%”。在图层蒙版上涂抹头发边缘被抠掉太多的地方，注意不要把背景擦出来。

⑩ 在“图层”面板上单击鼠标右键，在弹出的菜单中选择“复制图层”命令。

⑪ 选择目标文档为“抠图版面 .tif”，抠好的图片都放在这个文件中进行组版。

⑫ 抠好的图片放在“抠图版面 .tif”中的效果。

⑬ 用抠“模特 1.jpg”的抠图方法，分别抠好“模特 4.jpg”和“模特 5.jpg”，然后将它们复制到“抠图版面 .tif”中。

2. 服饰抠图

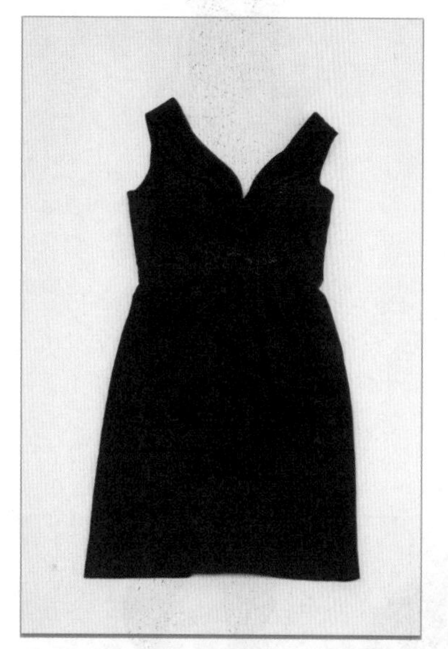

⓵ 打开图片“衣服 2.jpg”。纯色背景上的黑色衣服，颜色差异大，且边缘清晰，可以用“魔棒工具”或“快速选择工具”进行抠图。

⓶ 双击背景层，将其变为普通图层，选择“魔棒工具”，设置“容差”为“30”，单击背景。

⓷ 放大图片，检查是否有未选中的地方，裙子下方有一块阴影区域未被选中，按住 Shift 键然后单击这块区域即可。

⓸ 执行“选择”\“修改”\“扩展”菜单命令，在打开的对话框中将“扩展量”设置为“1”像素，按下 Ctrl+Shift+I 键反向选择选区，单击“添加矢量蒙版”按钮，复制到“抠图版面 .tif”中。

⓹ 按照抠裙子的方法，将“衣服 3.jpg”抠出来并复制到“抠图版面 .tif”中。

3. 配饰抠图

01 打开图片文件“鞋子 1.jpg”，鞋子造型简单，线条流畅，在纯色背景里，用“魔棒工具”不能很好地选择阴影区域，所以用“钢笔工具”进行抠图。

02 用“缩放工具”放大图片，用“钢笔工具”从鞋头开始，沿着产品边缘拖曳鼠标。

03 在弧形较大的地方可以在两个锚点的中间添加 1 个锚点，按住 Ctrl 键，鼠标指针变换为白色箭头，拖曳新添加的锚点至边缘处即可。

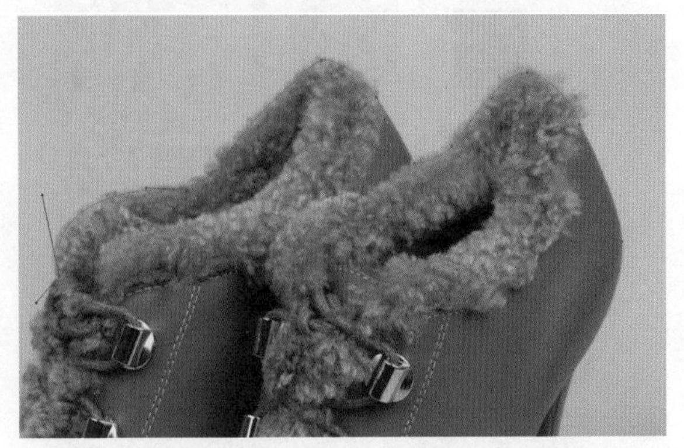

04 抠到毛绒处时，只需要大致抠出形状即可，后面用“选择并遮住”命令进行处理。

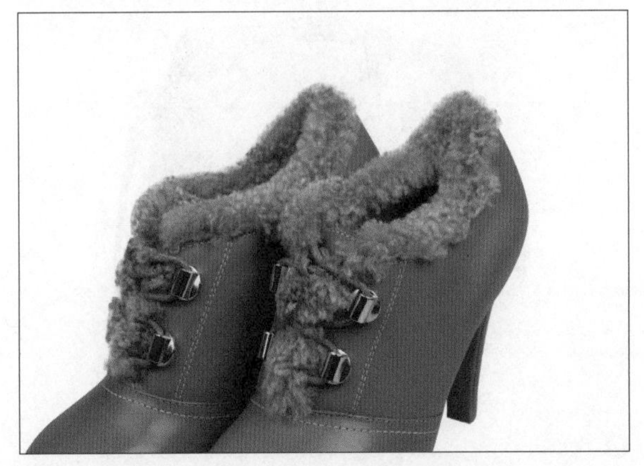

05 按 Ctrl+Enter 快捷键，将路径转换为选区，选择任意一个选区工具，单击鼠标右键，在弹出的菜单中选择“选择并遮住”命令，用鼠标沿着毛绒的地方拖曳即可。

06 设置“输出到”为“新建带有图层蒙版的图层”，然后复制到“抠图版面 .tif”中即可。

07 用“钢笔工具”抠出“鞋子 2.jpg”，双击背景图层，将其转为普通图层，按 Ctrl+ 回车键，将路径转换为选区，单击“添加矢量蒙版”按钮。

08 由于拍摄原因，导致鞋子后面的蝴蝶结和鞋跟有虚的地方，用“模糊工具”涂抹，使这些地方的边缘柔和，处理完后复制到“抠图版面 .tif”中即可。

09 用“钢笔工具”抠出香水 2.jpg”，复制到“抠图版面 .tif”中。

10 用“钢笔工具”抠出“皮包 2.jpg”，复制到“抠图版面 .tif”中。

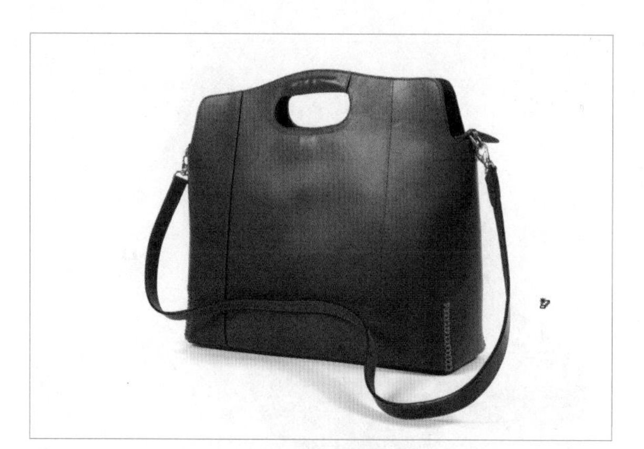

11 打开图片文件“皮包 1.jpg”，皮包放在纯白背景上，并且边缘清晰，可以使用“魔术橡皮擦工具”抠图。它与“魔棒工具”类似，“魔棒工具”是建立选区，而它是直接抠除背景。选择“魔术橡皮擦工具”，单击纯白背景。

12 大部分背景去除后，放大图片，去除包袋连接处的纯白背景和皮包底部的阴影。对于较深的阴影，用“魔术橡皮擦工具”很难去除干净，需要用“钢笔工具”进行处理。处理后复制到“抠图版面 .tif”中。

4. 添加文字

❶ 抠好的产品都集中在“抠图版面 .tif”中，下面要调整这些图片，使其组成一个杂志内页。双击图层名称，按照图片内容重命名，便于后面的操作。

❷ 将每个图层都转换为智能对象，以便于放大或缩小图片时不破坏图片质量。选择图层，单击鼠标右键，在弹出菜单中选择“转换为智能对象”命令。

❸ 保留模特图层，将其他图层隐藏。按 Ctrl+T 快捷键，调整图片大小，摆放它们的位置。

❹ 用同样的方法调整裙子、衣服、皮包 2 和鞋子 1 的大小及位置，在“图层”面板中拖曳图层，即可改变图层顺序。

⑮ 调整香水、皮包1和鞋子2的大小及位置，在“图层”面板中，按住 Shift 键选择所有产品的图层，按 Ctrl+G 键编组。

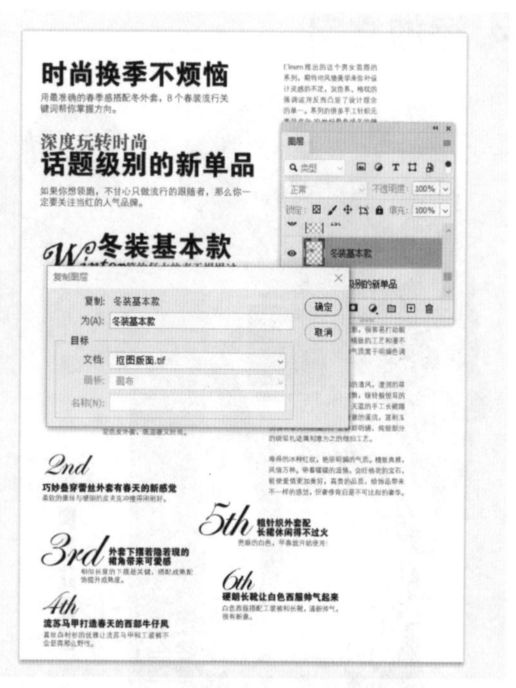

⑯ 打开“版面文字 .tif”，选择文字，单击鼠标右键，在弹出的菜单中选择“复制图层”命令，在打开的对话框中将“文档”选择为“抠图版面 .tif”。

⑰ 文字添加到“抠图版面 .tif”中，若图片遮住了文字，可适当调整图片的大小及位置。

⑱ 完成效果如图所示。

抠图总结

（1）不要为了抠图而抠图。虽然网络上有很多抠图的高级教程，如通道、计算等，但在刚开始使用Photoshop进行抠图工作时，更多的是用“钢笔工具”。
（2）能抠的抠，不好抠的优先考虑换图。
（3）时间就是金钱，尽可能做好前期拍摄，尽可能在简单的背景下进行拍摄。一些简易的拍摄道具，能够有效地提高图片质量，并且不需要投入太多成本，如在拍摄静物时使用柔光箱。
（4）用手绘板抠图，比用鼠标抠图更精细、方便。
（5）如有需要，也可以使用第三方的Photoshop插件进行抠图，如KnockOut。

白背景下拍摄

柔光箱

手绘板

作业

抠出边缘清晰、用于网络发布的图

使用提供的素材抠出边缘清晰、可发布于网络的图片。
核心技能点："魔棒工具"的使用，选择方向的使用。
尺寸：自定。
颜色模式：RGB色彩模式。
分辨率：72ppi。

作业要求：

（1）使用提供的任务素材进行抠图处理；
（2）作业需要保存为JPG格式文件；
（3）抠图需要边缘清晰，无明显瑕疵。

模块2 修图

修图主要针对人物。拿到一张人物照片应该从哪里着手进行修改，让照片更好看呢？这个问题经常让初学者感到困惑。我们以从整体调整到细节刻画的思路进行修图，首先整体修形，刻画五官，然后修除皮肤的脏点，最后调整照片的光影部分。这就是修图的三个要点，即修形、修脏、修光影结构。

项目1 掌握修出完美身形、皮肤、光影的秘密

用Photoshop修图可以美化图片，提升设计质量。在本书中，主要讲解修图的3个要点，即修形、修脏、修光影结构。

1. 修形

本书中的修形特指修形体，无论是人物还是商品，在拍摄后，都或多或少地要对形体进行美化和细节上的雕琢，以加强其表现力，特别是在服装、奢侈品等领域，更是极致地要求形体的完美，所以Photoshop是最佳的修形工具。

2. 修脏

修脏主要是处理人物皮肤、产品表面和拍摄环境中的瑕疵脏点，以及穿帮或影响美观的对象。

3. 修光影

无论图片中的主体是风景、商品还是人物，如果没有明确的光影结构，就会让图片看起来很“平”；如果光影结构混乱，就会让图片抓不到重点，并且缺乏美感。用Photoshop可以对图片的光影进行非常细致的雕琢。

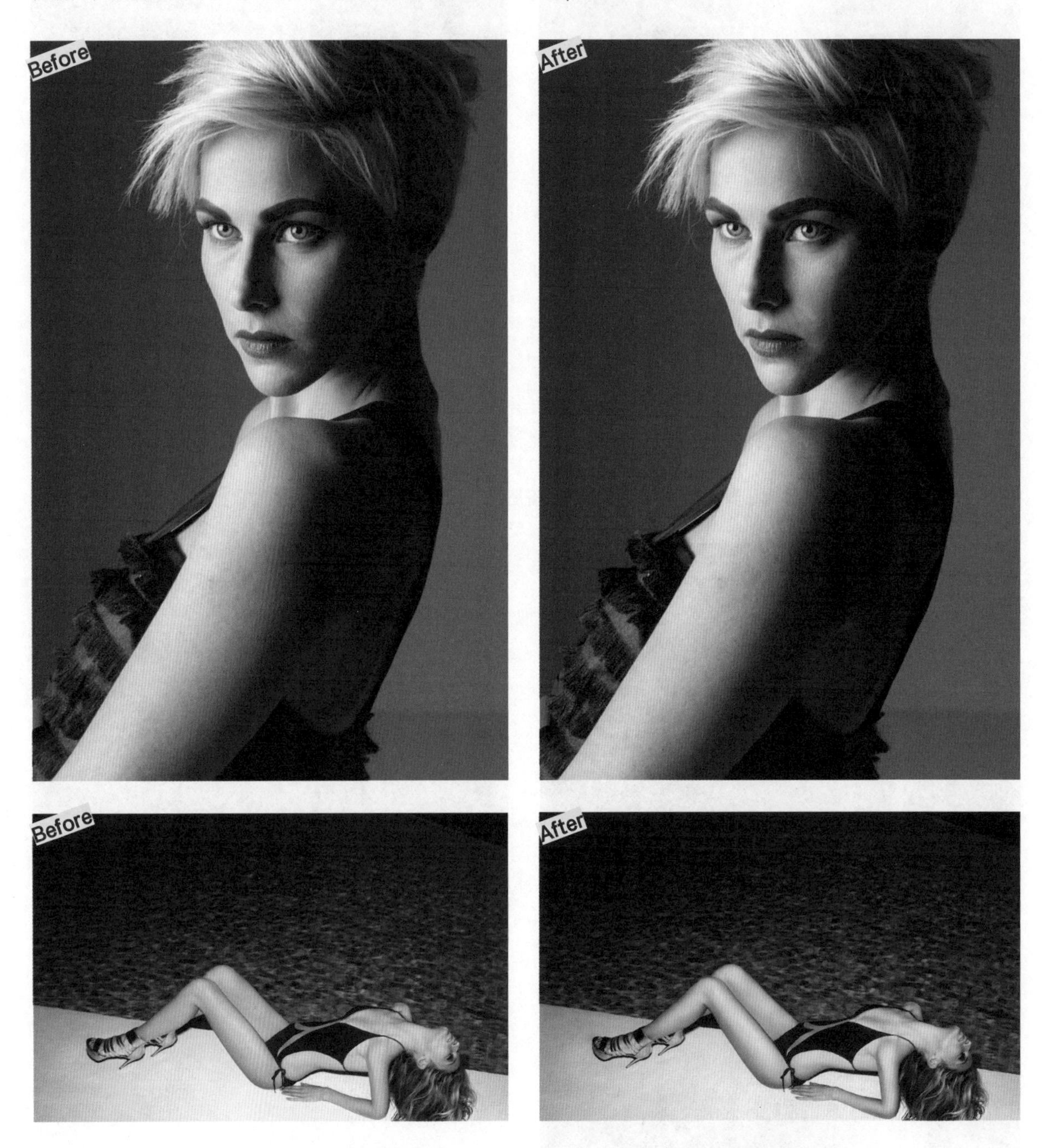

能够处理好光影结构，是使图片迈入商业级别的重要标准之一，会让图片品质有明显的提升。

项目2 认识常用修图工具

1. 自由变换

自由变换 需要整体修形的时候，用“自由变换”命令。它可以调整图片的缩放、旋转、斜切、扭曲、透视和变形等，在调整人物照片时，用得最多的功能是“自由变换”的缩放、透视和变形。

自由变换位于 “编辑”菜单中。

自由变换可以 改变大小，改变透视。

自由变换的操作 拖曳边框的9个锚点改变图片的大小或透视。

❶ **改变大小** 打开“练习\模块 2\项目 2 认识常用修图工具\1. 自由变换\1- 大小素材 .tif”，图中右数第 2 个人物，笔者已经用“钢笔工具”抠好了，在“路径”面板中，单击路径 1。

❷ 按 Ctrl+Enter 快捷键，载入选区。

❸ 按 Ctrl+J 快捷键，复制图层，将图层旁的“图层样式”按钮拖曳至“删除图层”按钮上，即可取消该图层的效果。

❹ 执行“编辑”\“自由变换”菜单命令，将鼠标指针放在右下角的锚点上，按住 Shift 键拖曳鼠标，即可等比例放大图片。

05 按回车键，完成放大的操作，被放大的人物有从画面中站出来的效果。

06 **改变透视** 打开“练习\模块 2\2-2 自由变换\2- 透视素材.jpg”，这是一张用广角镜头拍摄的建筑物图片，建筑物的透视发生扭曲，需要用“自由变换”命令调整。

07 按 Ctrl+R 快捷键，调出标尺，在标尺上按住并拖曳鼠标，拉出两条垂直的参考线和 1 条水平的参考线，作为调整时的参考。

08 按 Ctrl+J 快捷键，复制图层，按 Ctrl+T 快捷键，进入自由变换状态，单击鼠标右键，在弹出的菜单中选择“透视”命令。

09 将鼠标指针放在右上角的锚点处，按住鼠标并向外拖曳，直到建筑物与参考线呈平行时即可。

⑩ 按回车键，完成改变透视的操作。

⑪ **用“自由变换”命令制作阴影** 打开“练习\模块 2\2-2 自由变换\3- 自由变换素材 .tif”，按住 Ctrl 键，单击人物图层，即可载入选区。

⑫ 单击“图层”面板中的“创建新图层”按钮，填充黑色。

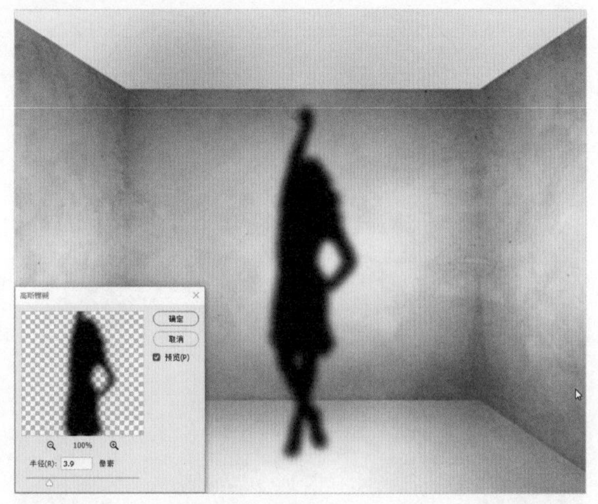

⑬ 按 Ctrl+D 快捷键，取消选择，执行“滤镜”\“模糊”\“高斯模糊”菜单命令，在打开的对话框中将“半径”设为“3.9”像素。

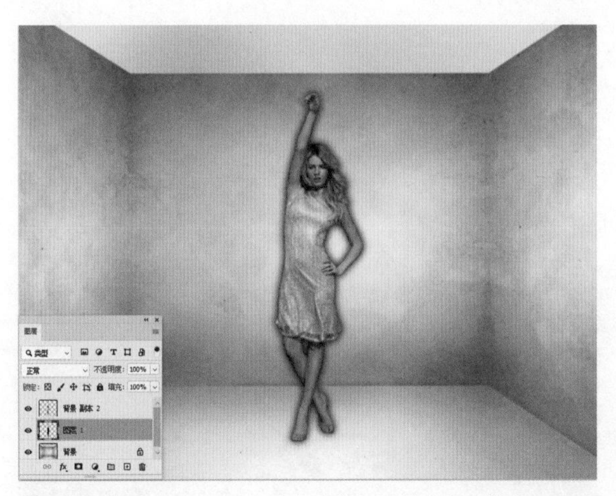

⑭ 将阴影图层“图层 1”放在人物图层的下方，拖曳图层即可改变它们的顺序。

⑮ 按 Ctrl+T 快捷键，进入自由变换状态，单击鼠标右键，在弹出的菜单中选择“自由变换”命令。

⑯ 按住 Ctrl 键，分别拖曳 4 个角上的锚点，即可自由变换阴影的形状。

⑰ 变换好的阴影效果。

⑱ 阴影投在墙面上都会发生变形，为了让制作的阴影更逼真，需要将墙面上的阴影稍微扭曲一些。用“矩形选框工具”框选墙面上的阴影。

⑲ 按 Ctrl+T 快捷键，进入自由变换状态。

⑳ 单击鼠标右键，在弹出的菜单中选择“自由变换”命令。

㉑ 按住 Ctrl 键，将右上角的锚点向左拖曳。

㉒ 按回车键，完成自由变换的操作。

㉓ 将阴影图层的不透明度降低，制作阴影的操作就完成了。

2. 液化

液化 遇到需要调整人物照片细节的地方时，常用“液化”功能的“向前变形工具”、“褶皱工具”和“膨胀工具”。

液化在 “滤镜”菜单中。

液化可以 改变形体。

液化的操作 选择相应的工具在需要调整的位置进行拖曳调整。

01 **瘦肚子** 打开“练习\模块 2\项目 2 认识常用修图工具\2. 液化\肚子大.jpg”，用“液化”的“向前变形工具”瘦肚子。

02 执行“滤镜”\“液化”菜单命令，选择“向前变形工具”，按住“】”键，调大画笔，按住鼠标左键不放，在肚子的区域向里拖曳鼠标。

03 在对一个地方进行变形时，其上下的区域也要跟着调整，这样才会显得自然。

04 完成后的效果。

提示

在液化时，根据调整的区域的大小，可随时按【或】键调整画笔大小，变形的力度由“密度”和“压力”决定，它们在“液化”对话框右侧的“画笔工具选项”中，“密度”和“压力”的数值越大，扭曲就越厉害。我们在调整人物时，都是做轻微的调整，因此“密度”的数值控制在“10”以内，“压力”的数值控制在“50”以内。

3. 修补工具

修补工具 用于修补大范围脏点，它能够使修补处很好地与背景融合，它的操作方法是圈选脏点，并向干净的区域拖曳，拖曳的区域采取就近原则，亮部拖向亮部，暗部拖向暗部。

修补工具在 工具箱中。

修补工具可以 修补图片中的不足，并与周围环境融合，常用来修大块的脏点。

修补工具的操作 框选不好的区域，向好的区域拖曳。

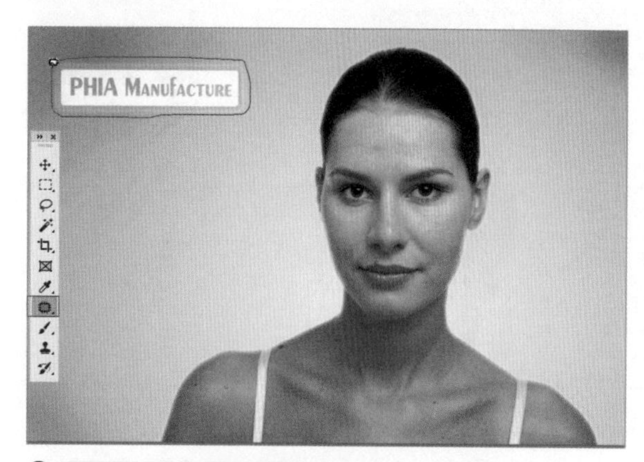

01 **“修补工具”框选区域** 打开“练习\模块 2\项目 2 认识常用修图工具\3. 修补工具\修补工具 .jpg”，在工具箱中选择“修补工具”，按住鼠标左键不放，拖曳鼠标圈选背景上的水印。

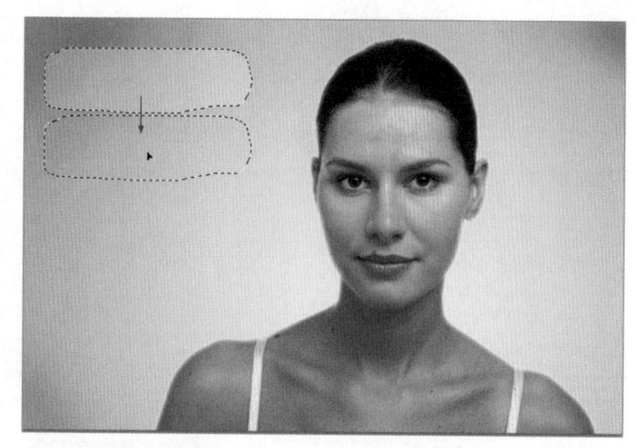

02 **向好的区域拖曳** 将选框的区域拖曳至好的区域，即可去除水印。

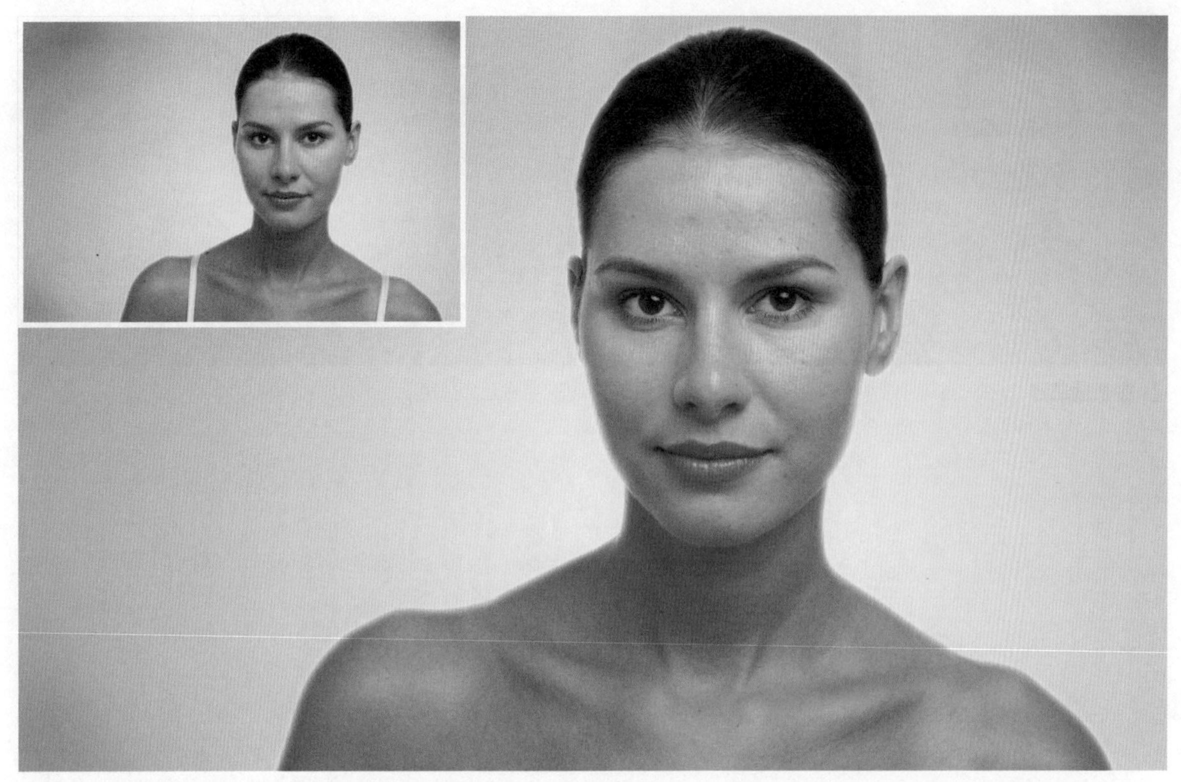

⓭ 用相同的方法可以去除皮肤上的大脏点和模特的肩带，在框选区域的时候尽量精确。拖曳时，要顺着皮肤走势，暗部拖向暗的地方，亮部拖向亮的地方。

4. 污点修复画笔工具

污点修复画笔工具 修补稀疏的、小范围的脏点，操作时只要单击脏点处即可，所以很快捷方便，但在脏点较大的情况下使用该工具的效果不好，容易出现越修越脏的情况。

污点修复画笔工具在 工具箱中。

污点修复画笔工具可以 修补图片中的不足，并与周围环境融合，常用来修补稀疏的、小范围的脏点。

污点修复画笔工具的操作 单击脏点处即可。

与“仿制图章工具”和“修补工具”相比，“污点修复画笔工具”能够更加智能、快速地处理简单的脏点。

⓫ **去水印** 打开“练习\模块 2\项目 2 认识常用修图工具\4. 污点修复画笔工具\1. 仿污点修复画笔工具 .png”，这是一张有水印的图。

⓬ 用“污点修复画笔工具”直接在水印处涂抹即可。

⓭ 去水印后的效果。

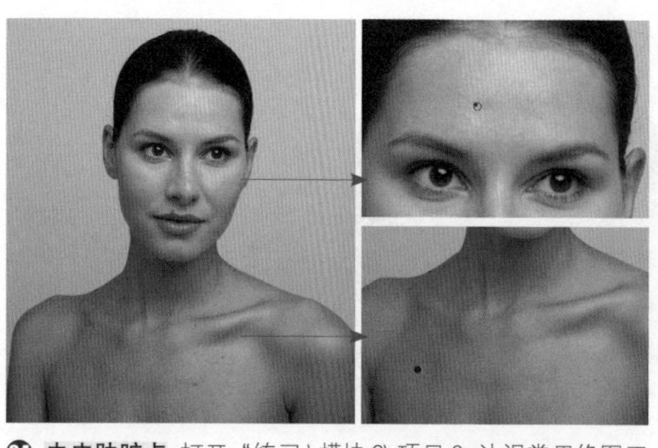

04 去皮肤脏点 打开“练习 \ 模块 2\ 项目 2 认识常用修图工具 \4. 污点修复画笔工具 \2. 仿污点修复画笔工具 .jpg”，用“污点修复画笔工具”在皮肤脏点处单击（不要涂抹）即可将脏点去除，无须取样。

05 完成后的效果。

5. 仿制图章工具

仿制图章工具 修饰皮肤质感，削弱粗大的毛孔，降低暗部和亮部的明暗程度，修碎发。通过按住Alt键在好的区域取样，在脏污处单击或涂抹来修补，取样的方法与“修补工具”一样，同样采取就近原则。

仿制图章工具在 工具箱中。

仿制图章工具可以 用好的区域填补不好的区域，让整体画面变好。

仿制图章工具的操作 按住Alt键，在好的区域单击鼠标取样，释放Alt键，在不好的地方单击或涂抹进行填补。

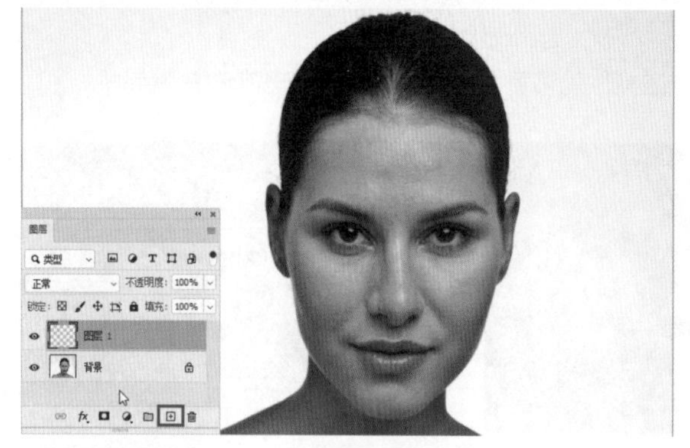

01 新建图层 打开“练习 \ 模块 2\ 项目 2 认识常用修图工具 \ 5. 仿制图章工具 \ 仿制图章工具 .jpg”，单击“图层”面板的“创建新图层”按钮，得到新图层，这样可以不破坏原图，保留再操作的机会。

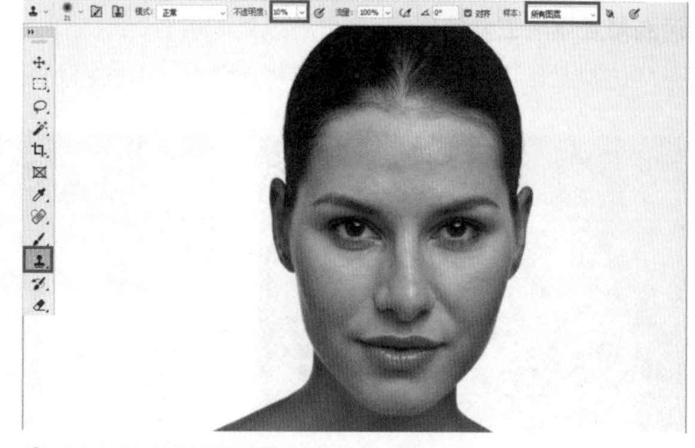

02 设置“仿制图章工具” 在工具箱中选择“仿制图章工具”，在属性栏上设置画笔的“硬度”为“0%”，“不透明度”为“10%”，“样本”为“所有图层”。

⑬ **“仿制图章工具”的操作** 在新建的图层中，按住 Alt 键并在好的皮肤处单击进行取样，然后单击皮肤粗糙的区域，进行覆盖。操作时采取就近原则，不破坏原有明暗结构，顺着肌肉走势单击鼠标，不断变换取样点，切记不可来回反复涂抹。

提示

用“仿制图章工具”修饰皮肤毛孔时，将“样本”设置为“所有图层”，即可在空白图层上操作，它的好处是如果涂抹坏了，可以用“橡皮擦工具”擦掉，再重新涂抹即可。“不透明度”建议设置在“10%”以下，这样可以保留皮肤质感，并且不容易涂坏。

6. 加深工具和减淡工具

加深工具和减淡工具 在调整光影的细节时，可以用“加深工具”和“减淡工具”，如在处理半身人像或人物表情特写时，就需要细致地修饰面部光影，在需要提亮的地方用“减淡工具”，在需要暗下来的地方则用“加深工具”。如果想消除衣服上的褶皱，也可以通过这两个工具进行调整。要特别注意的是，同一个地方不要反复涂抹。

加深工具和减淡工具在 工具箱中。

加深工具和减淡工具可以 调整光影细节。

加深工具和减淡工具的操作 在需要加深或减淡的区域涂抹。

7. 曲线

曲线 在修饰全身形体光影时，通过使用“图层”面板添加亮部曲线调整层和暗部曲线调整层的方法，分别擦出最亮和最暗的地方，中间调则通过调整画笔的不透明度来擦出。

曲线在 “图像”\“调整”菜单命令中调出。

曲线可以 实现色阶的功能，让图片整体变亮，让图片整体变暗，让图片亮的更亮、暗的更暗，分别调整图片的高光、中间调、阴影，以及修正图片偏色。

曲线的操作 详见模块3，项目2的曲线部分内容。

项目3 全身修形

学习目标

掌握用“自由变换”功能全身修形的技巧。

任务实施

视频：视频\模块2\1.全身修形

素材：练习\模块2\项目3 全身修形\全身修形.TIF

01 分析原图 首先观察模特的上下身比例，腿部不够修长；模特背部显得厚实，没有腰部曲线；发型有不整齐的地方，弧度不完美；裤子的褶皱太多，不够规整。

02 在 Photoshop 中打开素材图片，执行“窗口”\“图层”菜单命令，在“图层”面中选择背景层，将其拖曳至右下角的“创建新图层”按钮上，即可复制背景层，快捷键为 Ctrl+J。

03 让模特身材挺拔 选择并拷贝图层，执行“编辑”\“自由变换”菜单命令（Ctrl+T 快捷键），在图中单击鼠标右键，在弹出的菜单中选择“透视”命令。

04 将鼠标指针放在图片右上角的锚点位置，按住鼠标左键不放向左拖曳。

提示

在修图时，建议复制背景层，这样可以在不破坏原图的情况下进行修改。若对前面的修改都不满意，还可以回到原图中再进行操作。

05 按回车键，完成对模特身形的调整。按住 Shift 键，在“图层”面板中选择两个图层，单击鼠标右键，在弹出的菜单中选择“合并图层”命令。

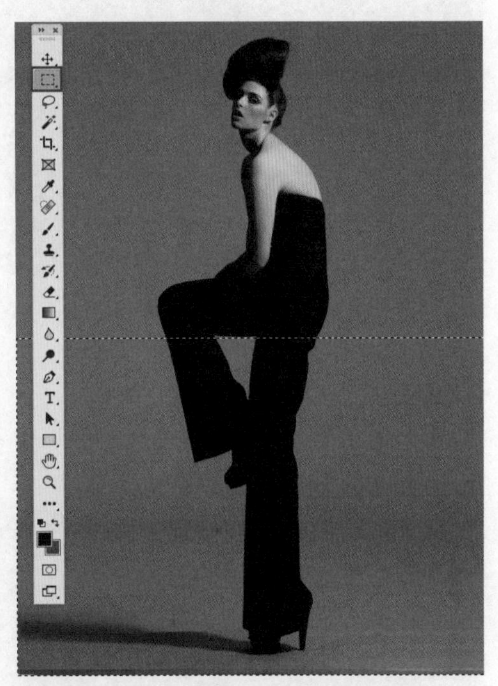

06 拉长腿部 在工具箱中选择“矩形选框工具”，框选左小腿以下的位置。

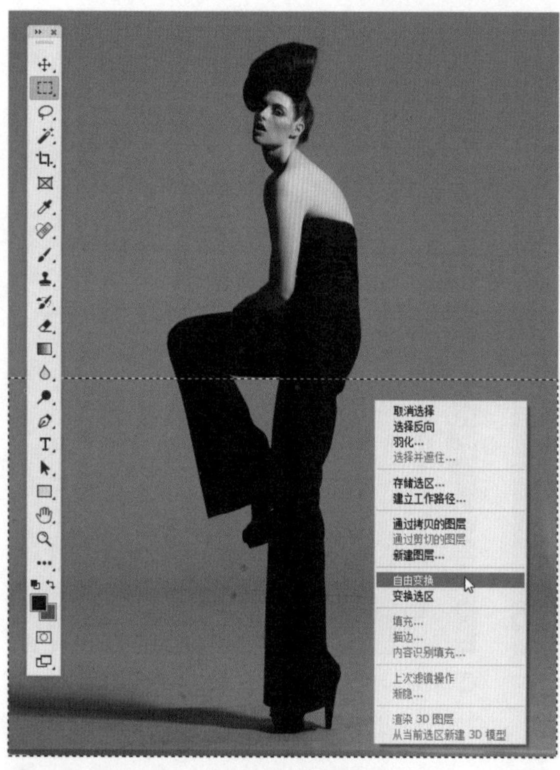

⓱ 在图中单击鼠标右键，在弹出的菜单中选择“自由变换”命令。

⓲ 将鼠标指针放在下方中间的锚点位置，按住鼠标左键并向下拖曳。

⓳ 按回车键，完成拉长腿部的操作，按 Ctrl+D 快捷键，取消选择。

⓴ **调整背部曲线** 在工具箱中选择“套索工具”，按住鼠标左键在背部的位置拖曳，松开鼠标后形成选区。注意选择的面积不宜过小，避免后面的操作穿帮。

⓫ 单击鼠标右键，在弹出的菜单中选择“羽化”命令，在打开的对话框中设置“羽化半径”为“20”像素。

⓬ 按 Ctrl+J 快捷键复制选区内容。

⓭ 按 Ctrl+T 快捷键，并单击鼠标右键，在弹出的菜单中选择“变形”命令。

⓮ 将鼠标指针放在第 3 条竖线的位置上，按住鼠标左键并轻轻向前推，注意不要与下面的图层出现衔接不上的地方。

提示

用“液化”调整图片细节时，要注意右侧“画笔工具选项”中“大小”、“密度”和“压力”的参数设置。在调整大面积区域时，“大小”要设置得大一些，通过“【”、“】”键可以调整大小；“密度”是调整画笔边缘的强度，在调整人物时，强度不能太大，设置在 10 以下即可；“压力”是调整画笔扭曲的强度，在 50 以下即可。

⓯ 按 Enter 键，完成背部的操作，然后合并图层。

⓰ **调整腰部曲线、发型和衣服褶皱** 执行“滤镜”\“液化”命令，选择“缩放工具”，框选模特上半身的位置进行放大。

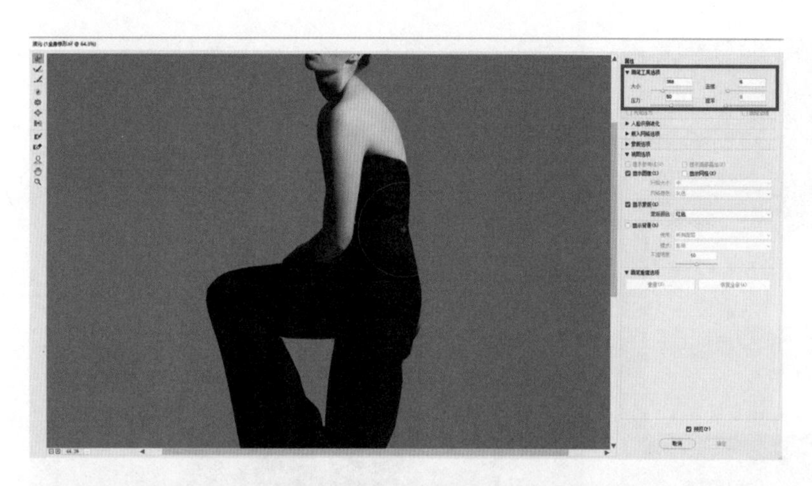

⑰ 选择“向前变形工具”，设置“画笔工具选项”中的“大小”为“358”，“密度”为“5”，“压力”为“50”，在腰部和背部的位置来回向左推移，腰部往里收时，其上下位置也要进行调整，这样得到的效果才会显得自然。

⑱ 调整完腰部曲线后，单击左下角的三角按钮，在菜单中选择“符合视图大小”命令，查看调整后的效果，再用“向前变形工具”微调不足的地方。若腰部曲线向里推得太多，可以向外再拉出些。

⑲ 调整发型凸起和凹陷的地方，根据调整区域的大小来设置画笔的大小，画笔大小不是固定不变的。

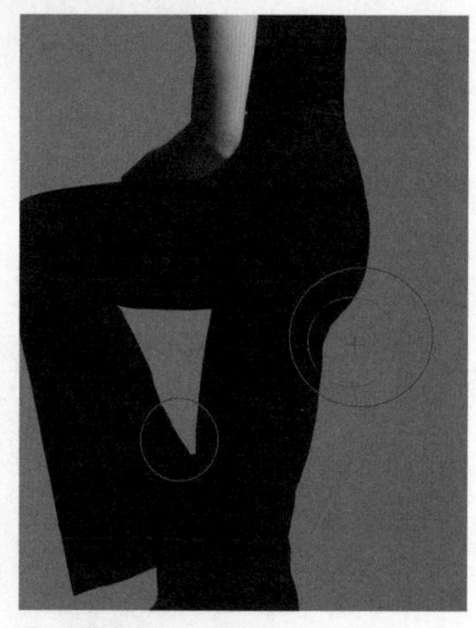

⑳ 调整裤子的褶皱，调整完后，则完成全身修形的操作。

提示

通常我们会从整体到细节地对人物进行雕琢，在实际的工作中，往往会反复地推敲和修改，每一次的修改动作都不会特别明显，但最终会看到人物的形体获得了很棒的改善。

项目4 修出光滑、干净的皮肤

学习目标

掌握用“修补工具”修出完美肌肤的技巧。

任务实施

视频：视频\模块2\2.修脏案例

素材：练习\模块2\项目4 修皮肤\修脏案例.jpg

01 分析原图 模特脸部和背部的痘痘较多，脸部皮肤粗糙、毛孔大，脖子有颈纹，需要将皮肤修干净、光滑。

02 处理脸部细小的痘痘 复制背景层，用“污点修复画笔工具”单击脸部的痘痘，即可去除。注意随时调整画笔大小，画笔大小只比痘痘稍微大一点即可。

03 处理背部细小痘痘 修完一部分的皮肤再修另一部分，避免有漏掉的地方。修完后，单击“图层 1”的可见性按钮，观察皮肤是否修干净。

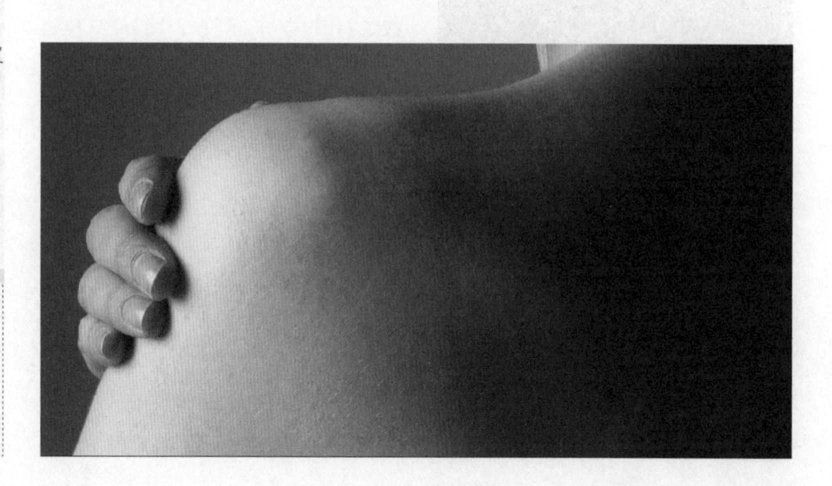

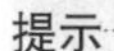

提示

复制背景层的好处是不破坏原图，修错了还可以回到原图重新修，而且在修图的过程中，便于我们与原图进行对比。通过放大、缩小图片来观察修脏效果。

04 复制图层，用“修补工具”去除眼袋和颈纹，修补脸部、额头、嘴角和背部的瑕疵。按住 Shift 键不放，逐个圈选出有瑕疵的地方，然后顺着皮肤纹理和明暗来拖曳鼠标，即可修补圈选的区域。注意所圈选的区域要准确。

05 修补后的效果。

06 **处理皮肤明暗细节** 皮肤细节部分明暗不均，造成视觉上很脏。复制图层，用“加深工具”涂抹脸部阴影处较亮的地方，用“减淡工具”涂抹脸部阴影处较暗的地方，曝光度均在 5% 左右。脖子和背部的处理方法相同。

提示

用“加深工具”和“减淡工具”修饰皮肤明暗细节时，曝光度的参数要根据被调整的地方的明暗程度进行调节，一般控制在 5% ~ 8%，画笔不要设置得太大，不要影响人物的整体明暗结构，只用小画笔在细节处调整即可。

07 处理粗糙毛孔。复制图层，选择“仿制图章工具”，“不透明度”设置为“10%”，按住 Alt 键取样，释放 Alt 键涂抹粗糙的毛孔。注意取样点要在涂抹区域的周围，并不断变化取样点。不要涂抹五官，不要破坏皮肤明暗结构，皮肤细腻的地方不用涂抹。

08 完成效果。

项目5 修饰全身形体光影

学习目标

掌握修出完美光影的技巧。

任务实施

视频：视频\模块2\3.全身形体光影

素材：练习\模块2\项目5 修光影\解决光影问题.jpg

01 **分析原图** 打开素材图片，这是一张平躺模特图，光源从右边照射过来，模特腿部和手臂部分的高光比较微弱，而暗部不够暗，可通过添加亮暗曲线调整层加强对比，让模特更有立体感。

02 单击“图层”面板下方的“创建新的填充或调整图层”按钮，在菜单中选择“曲线”命令。

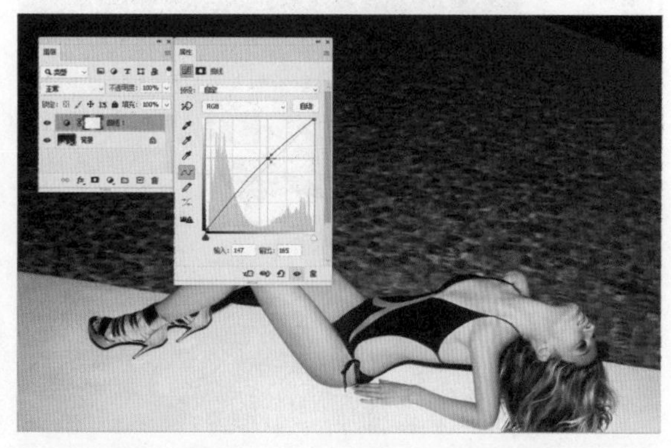

03 在曲线中心处单击，添加曲线点，按住鼠标左键不放垂直向上拖曳，则图片变亮，达到图片高光部分最亮的程度。

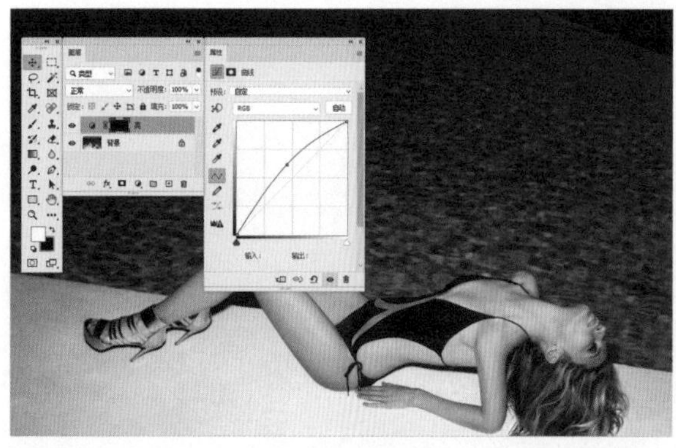

④ 按 D 键，恢复前景色和背景色，按 Ctrl+Backspace 快捷键，填充背景色（黑色），使亮曲线暂时不起作用，将曲线调整层命名为“亮”。

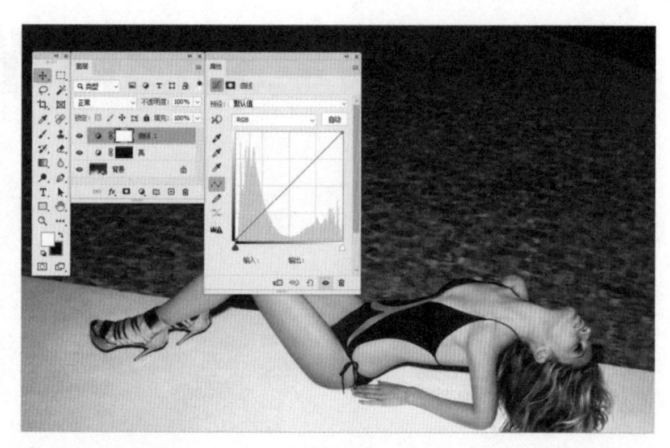

⑤ 单击“创建新的填充或调整图层”按钮，在菜单中选择“曲线”命令。

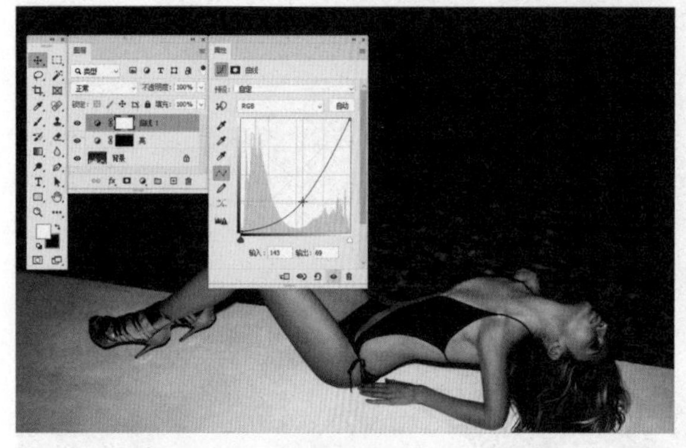

⑥ 在曲线中心处单击，添加曲线点，按住鼠标左键不放垂直向下拖曳，则图片变暗，达到图片暗部最黑的程度。

⑦ 按 Ctrl+Backspace 快捷键，填充背景色（黑色），使亮曲线暂时不起作用，将曲线调整层命名为“暗”。

⑧ 单击亮部曲线蒙版，选择“画笔工具”，在属性栏中设置画笔“硬度”为“0%”，“不透明度”为“20%”，在高光部分涂抹。

⑨ 亮部涂抹完成后的效果。

提示

用曲线调整层做亮暗的好处是，如果对效果不满意，可以通过曲线和图层蒙版进行多次修改。

⑩ 单击暗部曲线蒙版，用“画笔工具”在暗部涂抹。

⑪ 暗部涂抹完成后的效果。

⑫ 完成效果。

项目6 修饰柔光拍摄人像

学习目标

综合运用修形、修光、修脏工具修柔光拍摄照片。

任务实施

视频：视频\模块2\4.柔光拍摄

素材：练习\模块2\项目6 修饰柔光拍摄人像\柔光拍摄人像.jpg

01 分析原图 模特的上嘴唇右边微翘，需要将其调整得与左边一致，拍摄使左眼眼角与右眼眼角不在一条水平线上，耳朵和脸部的轮廓以及背部都需要微调。

02 调整唇形 用“套索工具”圈选右边的上嘴唇，将“羽化半径”设置为“3”像素。

03 按 Ctrl+J 快捷键，复制圈选的部位。按 Ctrl+T 快捷键，进入自由变换，单击鼠标右键，在菜单中选择“变形”命令，调整唇形，按回车键，完成调整唇形的操作。

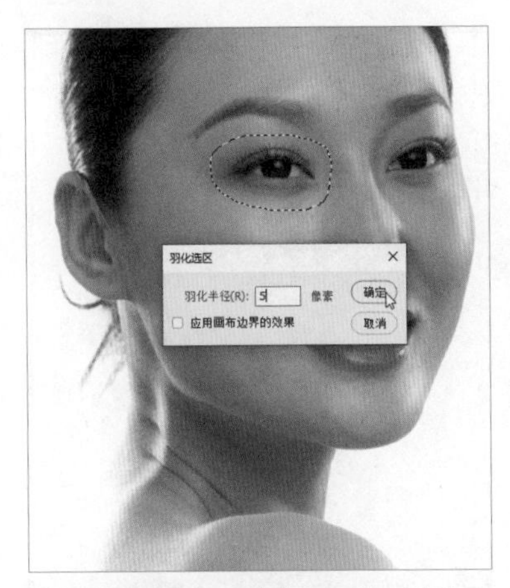

04 调整眼睛 用“套索工具”圈选左眼外轮廓，将“羽化”设置为“5”像素。

05 选择背景层，按 Ctrl+J 快捷键，复制圈选的部位。按 Ctrl+T 快捷键，进入自由变换，将中心点放在眼角，鼠标指针放在右上角的锚点外即可旋转眼睛的角度，按回车键，完成调整眼睛的操作。

06 调整脸部轮廓 用“套索工具”圈选左脸轮廓，将“羽化半径”设置为“5”像素。

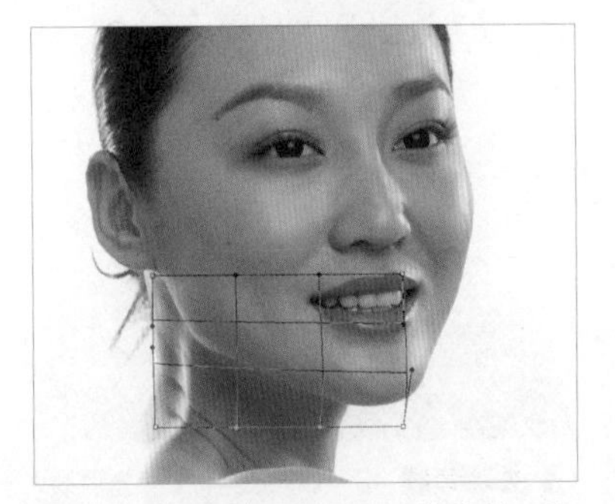

07 选择背景层，按 Ctrl+J 快捷键，复制圈选的部位。按 Ctrl+T 快捷键，单击鼠标右键，在弹出菜单中选择“变形”命令，调整脸部轮廓，按回车键，完成操作。

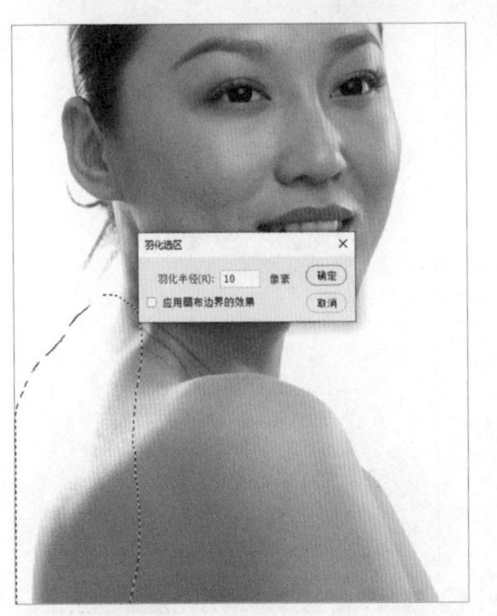

08 调整背部 用“套索工具”圈选背部，“羽化半径”设置为“10”像素。

09 选择背景层，按 Ctrl+J 快捷键，复制圈选的部位。按 Ctrl+T 快捷键，单击鼠标右键，在弹出菜单中选择“变形”命令，调整背部轮廓，按回车键，完成操作。

⑩ **用液化调整形体细节** 按 Ctrl+Shift + Alt+E 快捷键，盖印图层。执行"滤镜"\"液化"菜单命令，用"向前变形工具"调整眉毛、鼻形、脸部轮廓和耳朵。

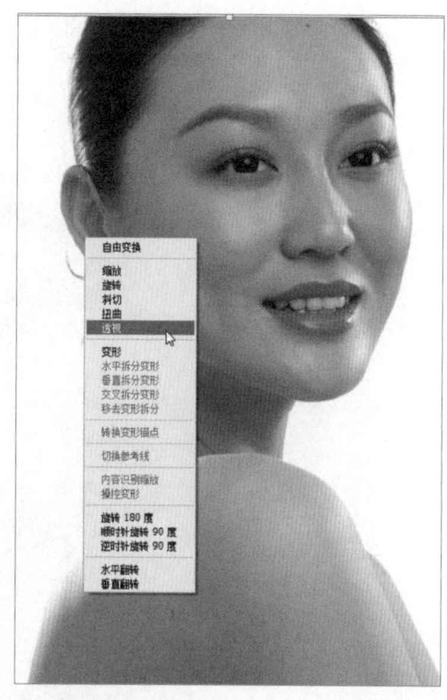

⑪ 调整脸部大小。按 Ctrl+T 快捷键，单击鼠标右键，在弹出菜单中选择"透视"命令。

⑫ 将鼠标指针放在右上角的锚点处，按住并向左拖曳鼠标即可。

提示

在用"自由变换"修形时，若出现穿帮的地方，可以再次使用"自由变换"进行调整。

⑬ 修形完成后的效果。

⑭ **修脏，需要修的地方是脸部的痘痘、黑痣、颈纹和碎发** 复制图层，用"污点修复画笔工具"去除痘痘和黑痣。

⑮ **去除颈纹** 用"修补工具"圈选颈纹，顺着纹理拖曳鼠标即可修补颈纹。

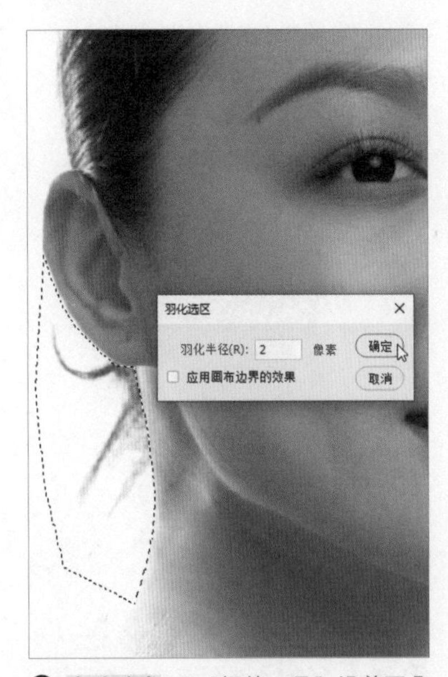

⑯ **去除碎发** 用“钢笔工具”沿着耳朵的外轮廓勾选碎发，按 Ctrl+ 回车键，转换为选区，选择任意一个选区工具，单击鼠标右键，在弹出菜单中选择“羽化”命令，将“羽化半径”设置为“2”像素。

⑰ 用“仿制图章工具”，按住 Alt 键吸取背景色，释放 Alt 键，涂抹碎发即可。

⑱ **柔化明暗关系** 用“加深工具”和“减淡工具”处理脸上细节部分的明暗，将“曝光度”设置为“5%”。

提示

可以用“减淡工具”减轻法令纹和眼袋的阴影，使模特看起来年轻、精神，但不能完全修掉，否则会看起来不自然。

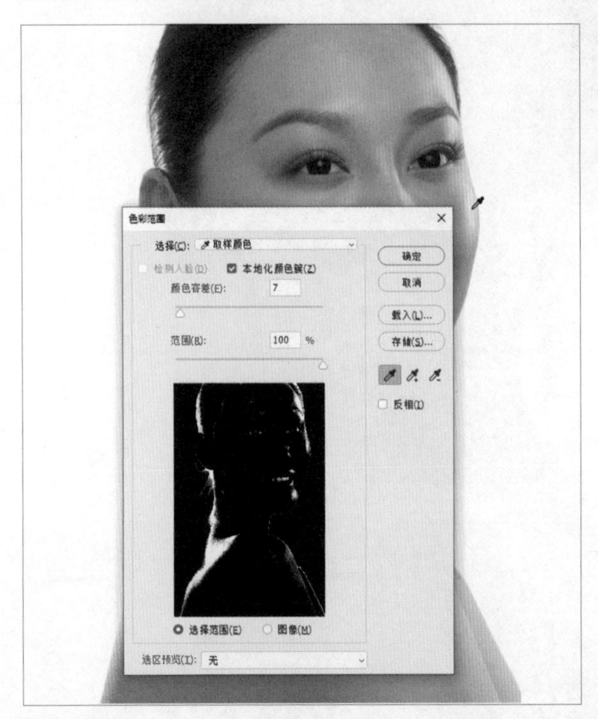

⑲ **减弱高光** 按 Ctrl+J 快捷键复制图层，执行“选择”\“色彩范围”命令，设置“颜色容差”为“7”，用吸管吸取脸部高光。

⑳ 单击“确定”按钮，载入高光选区。单击“添加矢量蒙版”按钮，设置图层的混合模式为“正片叠底”。

❷❶ 选择图层蒙版，执行“滤镜”\“模糊”\“高斯模糊”命令，将“半径”设置为“4.5”像素，让高光的边缘模糊，使其看起来更自然。

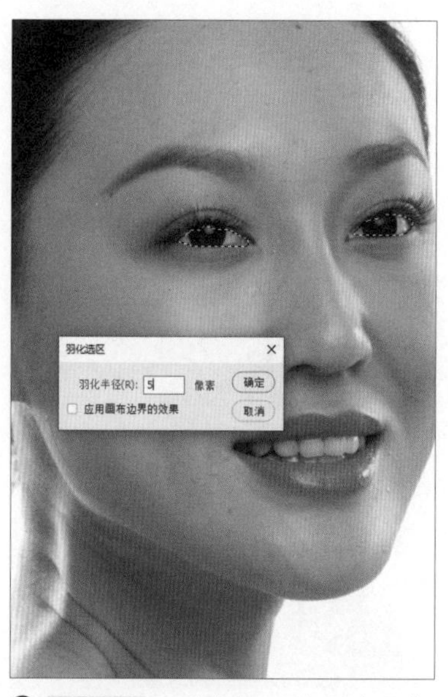

❷❷ **提亮眼白** 用“套索工具”圈选眼睛，将“羽化半径”设置为“5”像素。

❷❸ 单击“创建新的填充或调整图层”按钮，在菜单中选择“亮度\对比度”命令，设置“亮度”为“7”，“对比度”为“52”。

❷❹ **提亮牙齿** 用“套索工具”圈选牙齿，设置“羽化半径”为“5”像素。单击“创建新的填充或调整图层”按钮，在菜单中选择“亮度\对比度”命令，设置“亮度”为“9”，“对比度”为“39”，即完成修图操作。

❷❺ 完成效果。

项目7 修饰外景人像

学习目标

综合运用修形、修光、修脏工具修外景人像。

任务实施

视频：视频\模块2\5.修饰外景人像
素材：练习\模块2\项目7 修饰外景人像\外景原片.jpg

01 分析原图 这是一张逆光拍摄的外景照片，由于光线照射的原因，造成眼袋、法令纹以及嘴角的阴影较重，需要减淡，并整体提亮人物。

02 调整背部 按 Ctrl+J 快捷键复制图层，用“套索工具”圈选背部，注意不要选到衣服拼接线的地方，设置“羽化半径”为“10”像素。

⓷ 按 Ctrl+J 快捷键复制图层，并按 Ctrl+T 快捷键，单击鼠标右键，在弹出菜单中选择“变形”命令，调整背部。

⓸ 单击“图层”面板的“添加矢量蒙版”按钮，选择“画笔工具”，降低不透明度，设置前景色为黑色，涂抹背部和衣服衔接不自然的地方。

⓹ 按Shift键，选择除背景层外的图层，按 Ctrl+E 快捷键合并图层。调整细节，复制图层，执行“滤镜”\“液化”命令，用“向前变形工具”调整发型、背部、手臂和脸型。

⓺ 用“向前变形工具”调整眼睛、鼻翼和嘴唇。

⓻ **缩小头部** 按 Ctrl+T 快捷键，单击鼠标右键，在弹出菜单中选择“透视”命令，将指针放在左上角的锚点，按住鼠标左键并向左拖曳。

08 调整图片大小 单击鼠标右键，在弹出菜单中选择“自由变换”命令，分别拖曳左下角和右上角的锚点，将图片放大，遮挡瑕疵。

09 修除皮肤脏点 按 Ctrl+J 快捷键复制图层，用“污点修复画笔工具”单击皮肤上的痘痘和黑痣。

10 修除大面积脏点 用“修补工具”修除发丝、细纹、眼袋和法令纹。

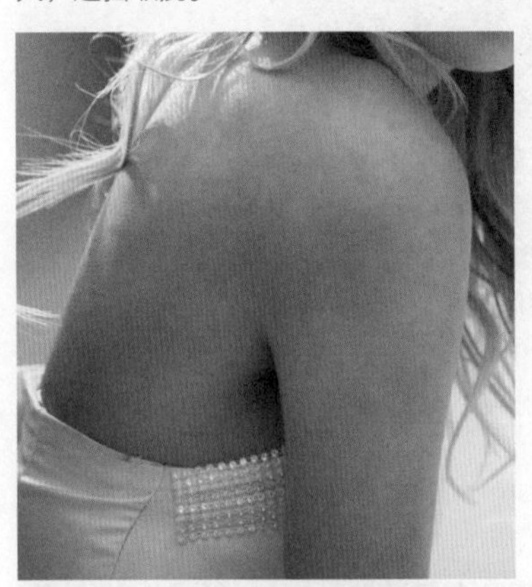

11 用“修补工具”修除肩带的痕迹，以及背部和手臂上的大块脏点。

12 磨皮 选择“仿制图章工具”，“不透明度”设置为“10%”，按住 Alt 键，吸取好的地方涂抹面部，注意不要破坏原本的明暗结构。

提示

在修图的过程中，要放大图片，对细节进行操作，但也要缩小图片从整体上进行观察，查看是否有修坏的地方，并且要单击“图层”面板的可见性按钮，对比修之前和修之后的效果，查看修之后是否破坏了整体结构和明暗。

13 选择“仿制图章工具”，“不透明度”为“20%”，涂抹手臂和背部。注意随时改变取样点，并且根据涂抹地方的大小随时调整画笔的大小。

14 用“仿制图章工具”涂抹眼影，使其过渡均匀。

⑮ **描绘五官，使其立体** 选择“加深工具”，“不透明度”设置为“7%”。涂抹眉毛，使其浓密；涂抹眼影，使其过渡自然；涂抹眼线，使眼睛立体有神；涂抹嘴唇，使唇形更好看。用“加深工具”和“减淡工具”处理面部明暗的细节。用“加深工具”，调大画笔，压暗脸部两侧、手臂两侧，使人物更立体。

⑯ **提亮皮肤，加强对比** 选择“快速选择工具”，拖曳鼠标，选择皮肤，设置“羽化半径”为“50”像素。单击“图层”面板的“创建新的填充或调整图层”按钮，在菜单中选择“曲线”命令，调整曲线。

⑰ **加强眼睛对比** 用“套索工具”圈选眼睛，设置“羽化半径”为“4”像素。单击“创建新的填充或调整图层”按钮，在菜单中选择“亮度 / 对比度”命令，设置“亮度”为“9”，“对比度”为“28”，调整完成后，即完成外景人物的修图操作。

⓲ 完成效果。

抠图总结

很多人拿到片子以后，都不知道从哪里下手，这是因为对美不够敏感。多看看时尚类的杂志，会让你更好地理解完美形体的秘密。

人物需要美化的部位通常包括身体比例、发型、脸型、五官、胳膊、腿、腰等，谁都喜欢腿稍微长点，嘴巴稍微小点，眉毛稍微齐点，眼睛明亮一点……

但不要修得太过，应遵循先整体后细节的原则。一定要记住，大部分建立选区时候，都要羽化一下。

作业

1. 半身人像修形

使用提供的素材完成半身人像的修形。

核心知识点：人物形体的修饰。

尺寸：自定。

颜色模式：RGB色彩模式。

分辨率：72ppi。

作业要求：

（1）使用提供的任务素材进行修图处理；

（2）作业需要保存为JPG格式；

（3）人物修饰需要符合形体美学。

2. 修出完美比例

使用提供的素材完成人像比例的修饰。
核心知识点：人物形体的修饰。
尺寸：自定。
颜色模式：RGB色彩模式。
分辨率：72ppi。

作业要求：

（1）使用提供的任务素材进行修图处理；
（2）作业需要保存为JPG格式；
（3）人物修饰需要符合形体美学。

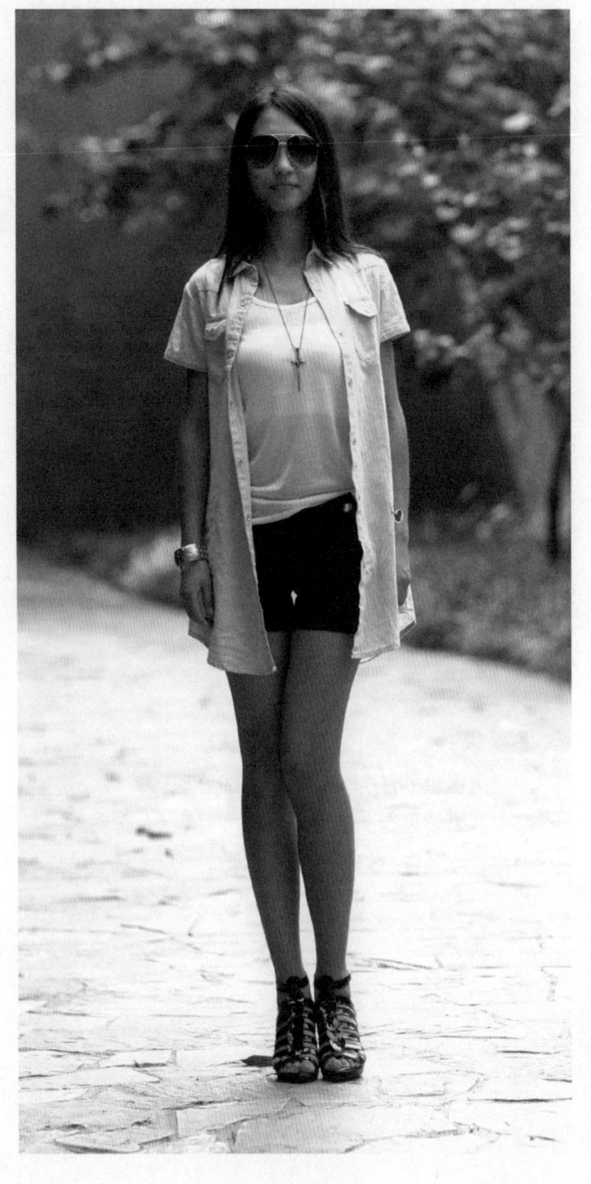

3. 修脏 1

使用提供的素材完成人像皮肤的修饰。
核心知识点：人物皮肤的修饰。
尺寸：自定。
颜色模式：RGB色彩模式。
分辨率：72ppi。

作业要求：

（1）使用提供的任务素材进行修图处理；
（2）作业需要保存为JPG格式；
（3）人物的皮肤瑕疵需要进行调整。

4. 修脏 2

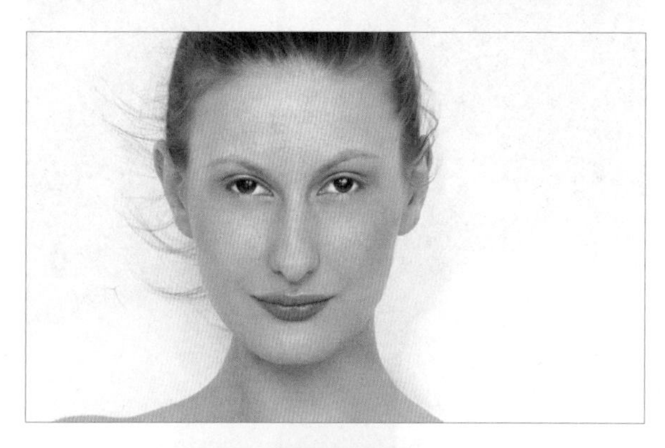

使用提供的素材完成人像碎发的修饰。
核心知识点：人物碎发的修饰。
尺寸：自定。
颜色模式：RGB色彩模式。
分辨率：72ppi。

作业要求：

（1）使用提供的任务素材进行修图处理；
（2）作业需要保存为JPG格式；
（3）将人物的碎发修饰干净、自然。

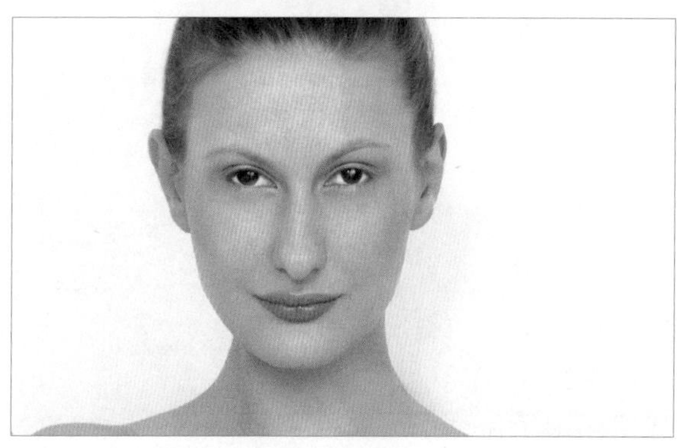

5. 修饰半身人像光影

使用提供的素材完成半身人像的修饰。
核心知识点：人物形体的修饰，整体明暗的调整。
尺寸：自定。
颜色模式：RGB色彩模式。
分辨率：72ppi。

作业要求：

（1）使用提供的任务素材进行修图处理；
（2）作业需要保存为JPG格式；
（3）人物修饰需要符合形体美学，人物的皮肤瑕疵需要进行调整，明暗过渡需要自然。

6. 室内全身人像

使用提供的素材完成室内人像的修饰。
核心知识点：人物形体的修饰，整体明暗的调整。
尺寸：自定。
颜色模式：RGB色彩模式。
分辨率：72ppi。

作业要求：

（1）使用提供的任务素材进行修图处理；
（2）作业需要保存为JPG格式；
（3）人物修饰需要符合形体美学，人物的皮肤瑕疵需要进行调整，明暗过渡需要自然。

模块3
调色

在拍摄照片时，由于各种原因，色彩总是无法像实景那么美丽，需要通过后期调色来弥补，而Photoshop不仅可以还原真实的色彩，还可以让图片的色彩更有表现力。

项目1 掌握调色理论知识

几乎每一张数码照片，或多或少都需要调色。调色首先要了解一些基本的色彩知识，只看参数临摹很难提高调色的水平。调色前，先要擦亮显示器。

1. 三大阶调

三大阶调的介绍如下。

高光 也叫亮调，图像上亮的部分，其中最亮的部分（很小的一个或几个区域）被称为白场。
中间调 图像上不是特别亮，也不是特别暗的部分，其中最不亮不暗的部分（很小的一个或几个区域）被称为灰场。
阴影 也叫暗调，图像上暗的部分，其中最暗的部分（很小的一个或几个区域）被称为黑场。

用右侧黑白图中的白色对应画面中的相应部位，以此了解图片中的高光、中间调和阴影的组成。

2. 色彩三要素

色彩三要素的介绍如下。

色相 “这是什么颜色”，通常在问这个问题的时候，其实问的就是色相。红、蓝、黄、绿，这些都是色相。

饱和度 色彩的鲜艳程度，饱和度很高时，看起来会很鲜艳，饱和度很低时，看起来像黑白的。

明度 色彩的亮\暗，很亮时看起来很白，很暗时看起来很黑。

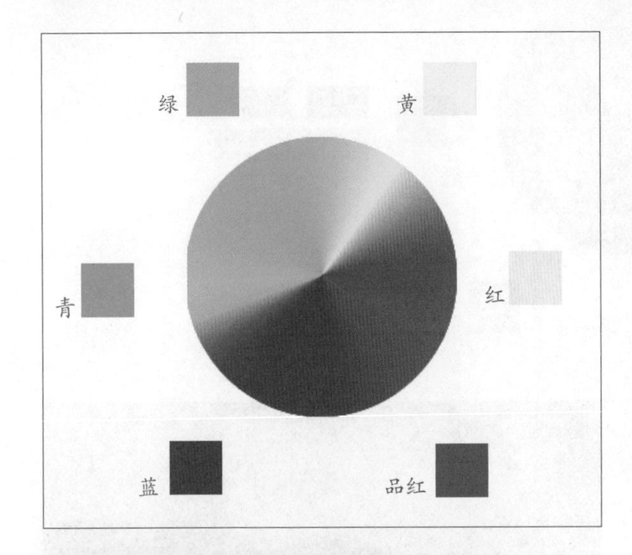

红（R）、绿（G）、蓝（B）、青（C）、品红（M）、黄（Y）是 Photoshop 中非常重要的 6 个色相，是调色的重要依据。

提示

在 Photoshop 中，色相用 0° ~360° 这样的数值形式来描述。
红色为 0° 或 360° ；
黄色为 60° ；
绿色为 120° ；
青色为 180° ；
蓝色为 240° ；
品红色为 300° 。

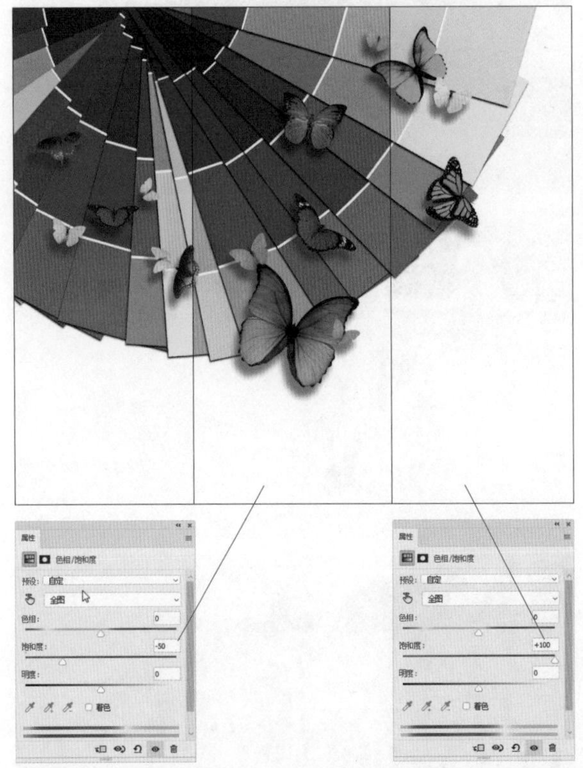

执行菜单中的“图像”\“调整”\“色相 / 饱和度”命令，可打开“色相 / 饱和度”对话框进行设置。降低饱和度可以让图片的色彩减弱甚至没有，即黑白；提高饱和度可以让图片看起来更鲜艳。

降低明度可以让图片变暗，提高明度可以让图片变亮。

3. 颜色的冷暖

左侧为冷色，右侧为暖色

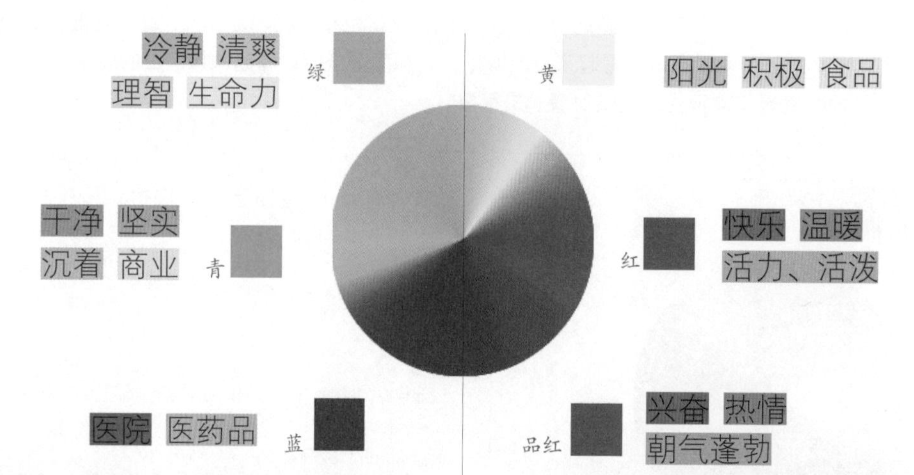

4. 色彩模式

1. 常用的色彩模式

RGB 用红（R）、绿（G）、蓝（B）组成所有色彩。

CMYK 用青（C）、品红（M）、黄（Y）组成所有色彩。

HSB 用色相（H）、饱和度（S）、明度（B）组成所有色彩。

在RGB模式下	在CMYK模式下	在HSB模式下
红+绿=黄	黄+品红=红	色相（0°~360°）
红+蓝=品红	黄+青=绿	饱和度（0%~100%）
绿+蓝=青	品红+青=蓝	明度（0%~100%）
红+绿+蓝=白色	黄+品红+青=黑	
数值范围（0~255）	数值范围（0~100）	

2. 其他的颜色在哪里

常用RGB颜色数值对照

黑色 0，0，0	深红色 128，0，0	紫红色 255，0，255
白色 255，255，255	绿色 0，255，0	深紫红 128，0，128
灰色 192，192，192	深绿色 0，128，0	紫色 0，255，255
深灰色 128，128，128	蓝色 0，0，255	深紫 0，128，128
红色 255，0，0	深蓝色 0，0，128	黄色 255，255，0

常用CMYK颜色数值对照

深 蓝:100，100，0，0	海水色：60，0，25，0	暗 红：20，100，100，5
天 蓝：60，23，0，0	深绿色：100，0，100，0	橙 色：5，50，100，0
银色：20，15，14，0	草绿色:80，0，100，0	深褐色：45，65，100，40
金色：5，15，65，0	浅绿色:100，0，60，0	粉红色：5，40，5，0
深 紫：100，68，10，25	柠檬黄：5，18，75，0	
深紫红：85，95，10，0	大 红:0，100，100，0	

3. 在不同的色彩模式下描述色彩

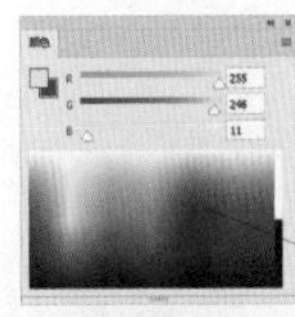

RGB 模式下，R 和 G 的值几乎是最大值，B 值几乎为 0，是很鲜艳的黄色（Y）。

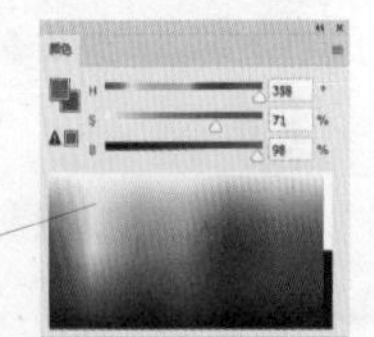

HSB 模式下，色相（H）接近 360° ，这是红色；饱和度（S）为 71%，颜色较为饱满；亮度（B）为 98%，这是很亮的红色。HSB 是最能直观描述视觉感受的模式。

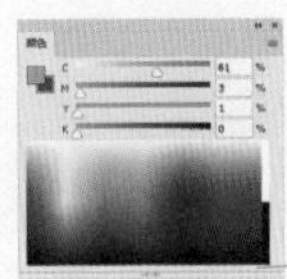

CMYK 模式下，C 值为 61%，M、Y、K 几乎为 0%，是青色。

5. 读懂直方图

直方图上可以看到整个图片的阶调信息和色彩信息。

执行菜单中的“窗口”\“直方图”命令，可以打开“直方图”面板。在色阶中，可以看到直方图；在曲线中，可以看到直方图。

直方图可以用来发现图片中存在的色彩问题。

在直方图上，可以看到一座或几座“山”，这些“山”表示图像像素的分布情况。将“山”所处在的方格大致分成3份，左边表示阴影，中间部分表示中间调，右侧表示高光。“山”越高，表示该区域的像素越多。

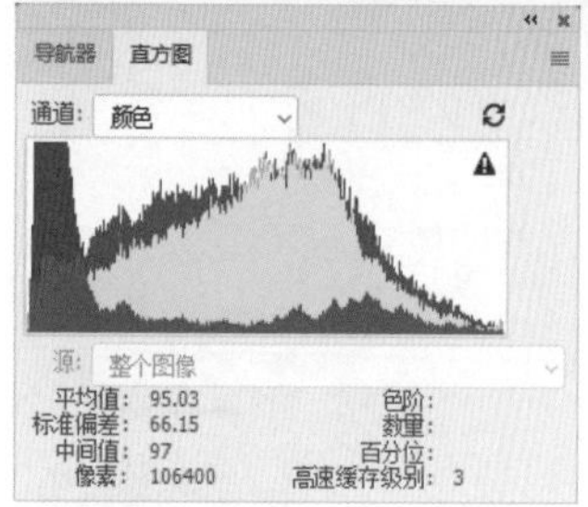

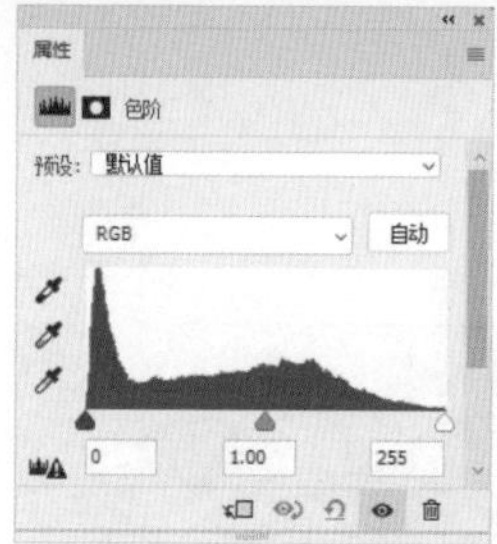

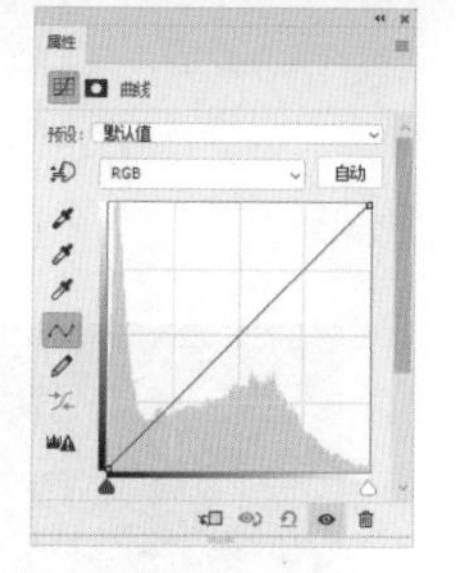

在分析一张图片的色彩分布时，要结合对图片的直观视觉感受和直方图中的数据进行分析。从图像上可以看到：

（1）大面积的黄色的画，不是特别亮，也不是特别暗，属于中间调；

（2）山看起来应该是青色或深蓝色，因为比较暗，所以属于暗调；

（3）天空中有一块区域的云层较薄，看起来很透亮，属于高光。

从这张图的直方图上可以看到：

（1）中间调以黄色为主，而且这张图绝大部分都是黄色的中间调。红色对应的应该是云层中的红色部分；

（2）暗调为深蓝色，对应的应该是以山的区域为主；

（3）高光的信息很少，说明画面中高光的区域也很小。

这些从图像上和直方图上看到的信息，是调色的前提。

6. 常见色彩问题

通过对图像的直观判断，结合直方图数据发现图片中存在的色彩问题。

太暗\曝光不足 画面整体太暗，即使是该亮的地方（如瀑布），也很暗淡，直方图上没有高光。

太亮 画面整体太亮，即使该暗的地方（如树干），也很亮，直方图上没有暗调。

太灰 画面整体太灰，没有特别亮和特别暗的地方，直方图上没有高光，也没有阴影。

亮的太亮\暗的太暗 画面中，天空太亮，山体太暗，直方图上没有中间调，反差过大。

草不够绿 草地没有生气，暗淡、发黄。

脸太红 脸部皮肤的色彩过于红润，无法表现出皮肤的白皙透亮。

项目2 掌握调色常用工具

Photoshop 提供了多种调色工具，针对同一类问题也提供了不同的解决方案，读者可在实践中找到最适合自己的。

1. 色阶

色阶在 “图像”\“调整”菜单中。

色阶可以 去掉图片中的灰雾、修正过暗和过亮的地方。

太暗

视频：视频\模块3\1.用色阶解决图片太暗问题

素材：练习\模块3\项目2 掌握调色常用工具\1.色阶\太暗.jpg

看图片：黑乎乎一片

看直方图：无高光

操作：执行菜单中的“图像”\“调整”\“色阶”命令，在打开的对话框中向左移动白滑块

结果：水更漂亮了，山石的层次也被表现出来了

太亮

视频：视频\模块3\2用色阶解决图片太亮问题

素材：练习\模块3\项目2 掌握调色常用工具\1.色阶\太亮.jpg

看图片：惨白一片

看直方图：无阴影

操作：执行菜单中的“图像”\“调整”\“色阶”命令，在打开的对话框中向右移动黑滑块

结果：暗部出现后，图片更“立体”

太灰

视频：视频\模块3\3用色阶解决图片太灰问题

素材：练习\模块3\项目2 掌握调色常用工具\1.色阶\太灰.jpg

看图片：灰蒙蒙

看直方图：无高光、无阴影

操作：执行菜单中的“图像”\“调整”\“色阶”命令，在打开的对话框中同时向中间移动黑白滑块

结果：灰雾消失，图片更“立体”

提示

将图片分为亮、暗两个部分，灰色滑块可以控制亮暗部分的比例，如果向左移动，则亮的部分多一些；如果向右移动，则暗的部分多一些。

2. 曲线

曲线在 “图像”\“调整”菜单中。

曲线可以 实现色阶的功能，让图片整体变亮，让图片整体变暗，让图片亮的更亮、暗的更暗，分别调整图片的高光、中间调、阴影，以及修正图片偏色。

太灰

视频：视频\模块3\4用曲线解决图片太灰问题

素材：练习\模块3\项目2 掌握调色常用工具\2.曲线\太灰.jpg

看图片：灰蒙蒙

看直方图：无高光、无阴影

❶ 执行菜单中“图像”\“调整”\“曲线”命令，在打开的对话框中同时向中间移动黑白滑块，灰雾消失。

❷ 向上拖曳曲线，图像整体变亮。

❸ 向下拖曳曲线，图像整体变暗。

❹ 将曲线拖曳成“S”形，图像上亮的地方更亮，暗的地方更暗，图像的亮暗对比更强烈。

亮部太亮/暗部太暗

视频：视频\模块3\5用曲线解决图片亮部太亮或暗部太暗问题

素材：练习\模块3\项目2 掌握调色常用工具\2.曲线\亮部太亮或暗部太暗.jpg

看图片：上边过亮，下边过暗

看直方图：无中间调

操作：将曲线调整为反“S”形，分别调整亮部和暗部，减弱亮暗对比

结果：云层有了立体感，山上黑乎乎的部分出现了细节

脸太红

视频：视频\模块3\6用曲线解决脸太红问题

素材：练习\模块3\项目2 掌握调色常用工具\2.曲线\脸太红.jpg

看图片：脸偏红

看直方图：高光部分很红

01 执行菜单中的“图像”\“调整”\“曲线”命令，在打开的对话框中选择红通道，向下拖曳曲线，减少红色。

02 RGB 通道，向上拖曳曲线提亮画面，最终效果中，皮肤变得白皙、透亮。

草不够绿

视频：视频\模块3\7用曲线解决草不够绿问题

素材：练习\模块3\项目2 掌握调色常用工具\2.曲线\草不够绿.jpg

看图片：图片整体比较暗，草不够绿

看直方图：看不出什么

01 执行菜单中的“图像”\“调整”\“曲线”命令，在打开的对话框中向上拖曳曲线对画面进行提亮。

02 用“套索工具”选出草地，将“羽化半径”设置为“40”像素。

03 执行菜单中的“图像”\“调整”\“曲线”命令，在打开的对话框中将“通道”选择为“绿”，向上拖曳曲线增加绿色，完成调色。

3. 色相 / 饱和度

色相/饱和度在 “图像”\“调整”菜单中。

色相/饱和度可以 修正颜色不饱满的图像，还可以让多个图片或对象的色彩一致。

色彩不饱满

视频：视频\模块3\8用色相饱和度解决色彩不饱满问题

素材：练习\模块3\项目2 掌握调色常用工具\3.色相 饱和度\色彩不饱满.jpg

看图片：色彩不饱满，没有傍晚的感觉

操作：执行菜单中的“图像”\“调整”\“色相 / 饱和度”命令，在打开的对话框中增加饱和度

结果：云层红润起来了

色相不统一

视频：视频\模块3\8用色相饱和度让色相统一

素材：练习\模块3\项目2 掌握调色常用工具\3.色相 饱和度\色相不统一.jpg

❶ 这张图片的处理目的是，把黄色、绿色、蓝色雕塑都调成红色。这种技法虽然对于这张图来说没有什么实际意义，但在为合成进行调色时，非常有用。

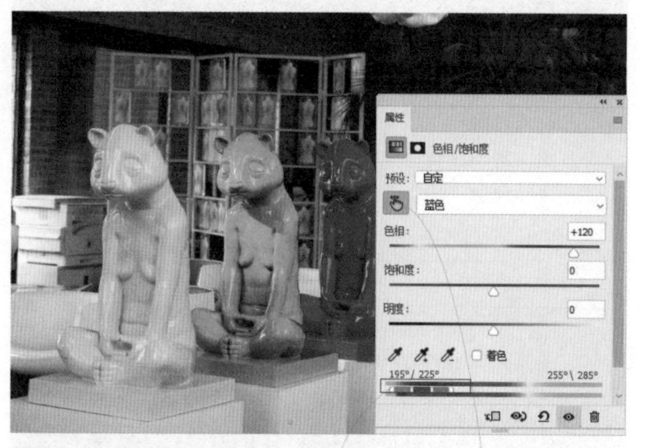

❷ 执行菜单中的“图像”\“调整”\“色相 / 饱和度”命令，**单击左下角的手形按钮**，在蓝色雕塑上单击，图像中**蓝色的像素会被锁定**，此时拖曳“色相”的滑块直至变成红色。

提示

将原图复制一层，如果不小心动了雕塑以外的颜色，可以用蒙版“擦”回去。

⓷ 在绿色雕塑上单击，图像中绿色的像素会被锁定，此时拖曳色相的滑块直至变成红色，但是看起来色彩不饱满。

⓸ 向右拖曳饱和度的滑块，增加饱和度，并减小一些明度，尽可能使其色彩与其他已有的红色雕塑一致。

⓹ 在黄色雕塑上单击，图像中黄色的像素会被锁定，此时拖曳色相的滑块直至变成红色。然后调整饱和度和明度的滑块，使其色彩与其他已有的红色雕塑一致。

⓺ 最终完成效果。

提示

如果希望得到更精确的结果，可以进行两个更加精细的操作。

（1）更准确地控制选区范围。

（2）参考 HSB 的数值进行调整。

某种颜色区域被锁定后，可以通过面板下方的**半个滑块**调整区域的大小，中间的两个滑块设置区域，左右的两个滑块设置羽化值。

执行菜单中的“窗口”\“信息”命令，在信息调板中分别查看 4 个雕塑的 HSB 值，然后通过在“色相 / 饱和度”对话框中进行设置，让它们尽可能一致，这样颜色就会真正统一起来。

4. 图层蒙版

图层蒙版的创建方法 单击“图层”面板下方的 ▣ 按钮。

图层蒙版可以 让调色操作只作用于图像的某个区域，并且可以用画笔来调整这个区域。

视频：视频\模块3\9用图层蒙版控制调色区域

素材：练习\模块3\项目2 掌握调色常用工具\4.图层蒙版.jpg

01 将背景层复制两份，并分别命名为“亮”和“暗”。

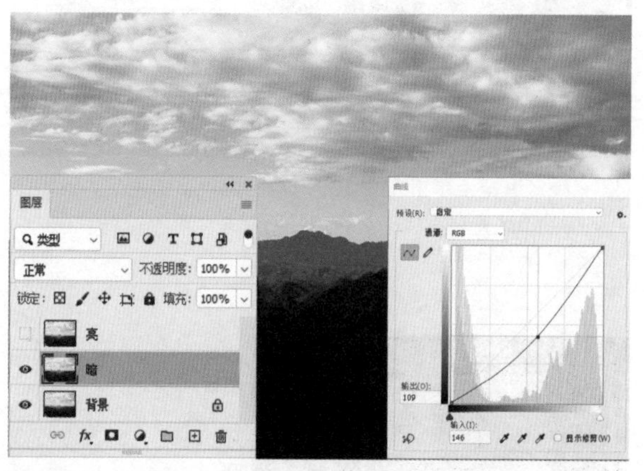

02 隐藏“亮”图层，选中“暗”图层，用曲线将颜色压暗，使云层出现丰富的层次即可。

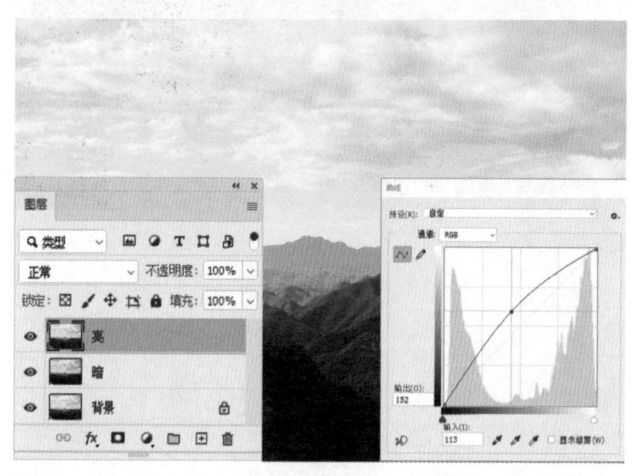

03 显示“亮”图层，选中“亮”图层，用曲线将颜色提亮，使山体中阴影部分出现细节即可。

04 为“亮”图层添加图层蒙版，选择“画笔”工具，其“硬度”设为“0%”，在蒙版的天空部分用黑色涂抹。

05 **最终效果** 对一张图片调色后，如果有些地方还想返回到未调色的状态，就可以使用这种方法进行调整。

5. 调整层

调整层的创建方法 单击“图层”面板下方的 按钮。

调整层可以 随时修改调色参数，并用蒙版控制调整区域。

视频：视频\模块3\10用调整层控制调色区域

素材：练习\模块3\项目2 掌握调色常用工具\5.调整层.jpg

01 单击“图层”面板下方的“创建新的填充或调整图层”按钮，在弹出菜单中选择“曲线”，或者在“调整”面板中单击相应的图标。

02 在“属性”面板中调整曲线，将图片颜色压暗，在蒙版里擦除地面。

03 再建立一个曲线调整层并调整曲线，将图片提亮，在蒙版里擦除天空。

04 分别将两个调整层命名为“亮”和“暗”。

05 如果觉得地面还是太暗，可以继续在“亮”调整层中提高曲线的参数，让地面更亮。

6. 渐变工具

渐变工具的位置 工具箱中的■按钮。

渐变工具可以 做明暗背景；渐变蒙版，让图像融合。

渐变工具操作 设置好前景色和背景色，选择渐变类型，在画布上拖曳鼠标。

（1）用渐变制作背景

视频：视频\模块3\11用渐变制作背景

素材：练习\模块3\项目2 掌握调色常用工具\6.渐变工具\1.用渐变制作背景.jpg

01 做明暗背景 打开“练习\模块3\项目2 掌握调色常用工具\6.渐变工具\1.用渐变制作背景.jpg”，在“图层”面板中，按住Ctrl键，单击“创建新图层”按钮，即可在图层下方创建图层。

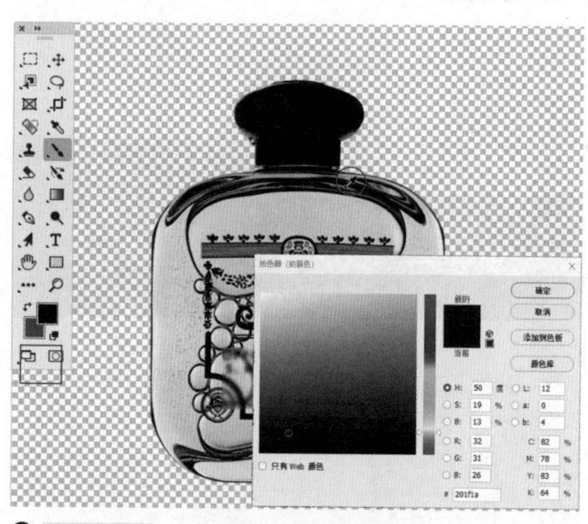

02 设置前景色 单击前景色，弹出“拾色器”对话框，将鼠标指针移至画布中，变成“吸管工具”，在瓶子的深色区域单击吸取颜色。

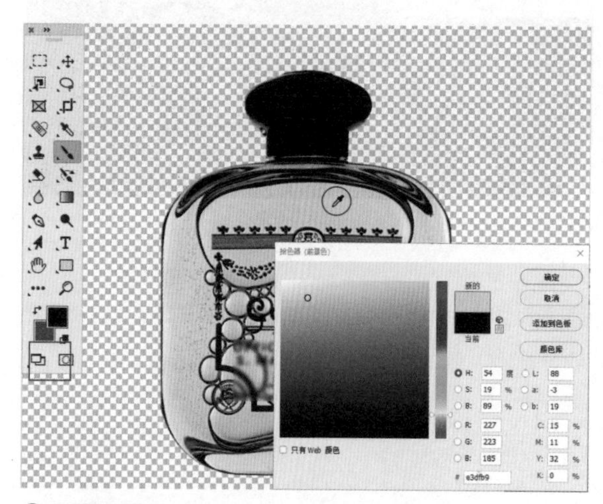

03 设置背景色 单击背景色，弹出“拾色器”对话框，将鼠标指针移至瓶子浅色的区域，单击吸取颜色。

04 设置渐变颜色 选择“渐变工具”，单击属性栏上的渐变条，在弹出的“渐变编辑器”对话框中，选择第1个渐变色。

05 拖曳渐变颜色 在属性栏中，单击“径向渐变”按钮，勾选“反向”复选框，即由浅色到深色渐变，由图片中心向下拖曳鼠标，拖曳距离越长，渐变过渡就越柔和，中心颜色所占面积也就越大。

06 填充渐变色后的效果。

（2）用渐变控制蒙版

视频：视频\模块3\12用渐变控制蒙版

素材：练习\模块3\项目2 掌握调色常用工具\6.渐变工具\2.用渐变控制蒙版.jpg

01 渐变蒙版 打开“2. 彩色 .jpg”，将“3. 黑白 .jpg”拖曳到画布中。

02 在“图层”面板中，选择黑白室内图的图层，单击“添加图层蒙版”按钮。

03 设置前景色为黑色，背景色为白色，选择“渐变工具”，将属性栏上的渐变条设置为黑色至白色的渐变，单击“线性渐变”按钮，取消勾选“反向”复选框，在图片中从左上角向右下角拖曳鼠标。

04 在图层蒙版上可看到黑色至白色的渐变，画布上的效果是左上方显示彩色室内图，右下方显示黑白室内图。

（3）用渐变制作石膏球

视频：视频\模块3\13用渐变制作石膏球

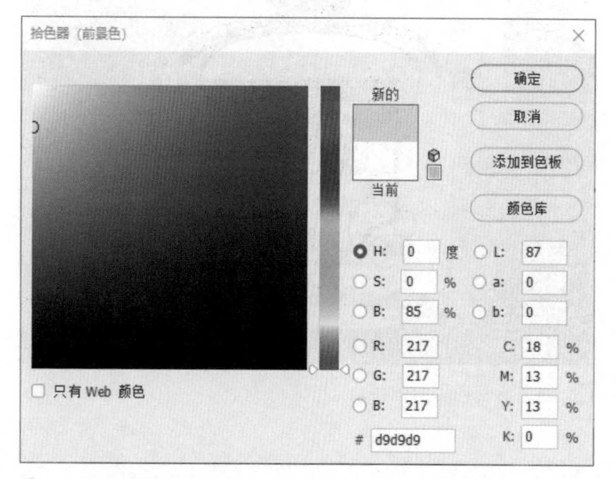

❶ 执行菜单中的“文件”\“新建”命令，输入“宽度”为“800 像素”、“高度”为“600 像素”，“分辨率”设置为“72 像素 / 英寸”，单击工具箱中的前景色按钮，在“拾色器”对话框中设置“B”为“85”。

❷ 按 Alt+Backspace 快捷键，填充前景色，新建图层，按住 Shift 键，用“椭圆选框工具”绘制圆形。

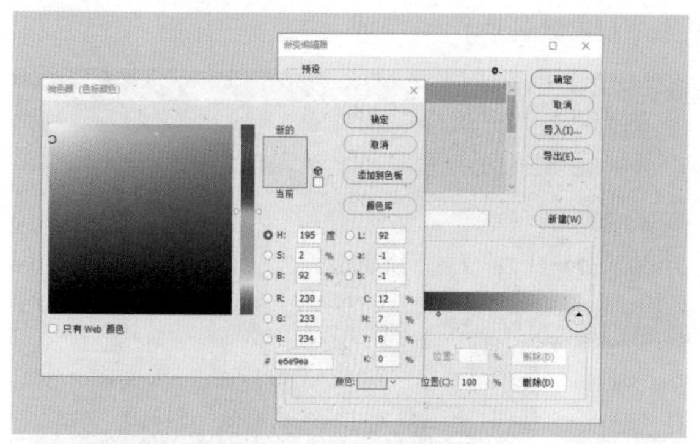

❸ **石膏球受光面的颜色** 选择“渐变工具”，单击属性栏上的渐变条，选择黑 - 白的渐变，双击右边的色标，颜色值设置为（R：230，G：233，B：234）。

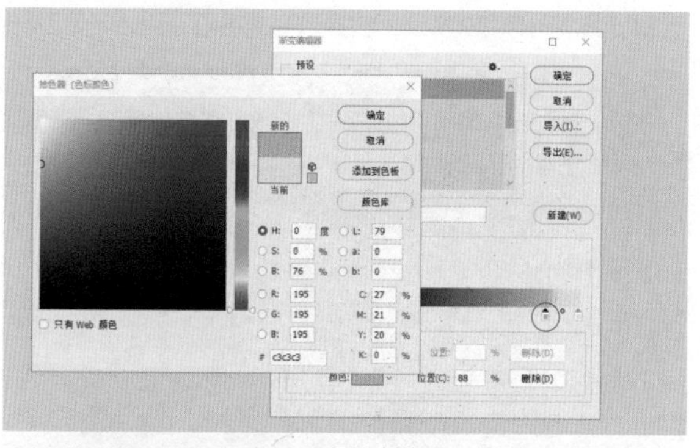

❹ **石膏球明暗过渡面的颜色** 单击渐变条，添加色标，双击色标，颜色值设置为（R：195，G：195，B：195）。

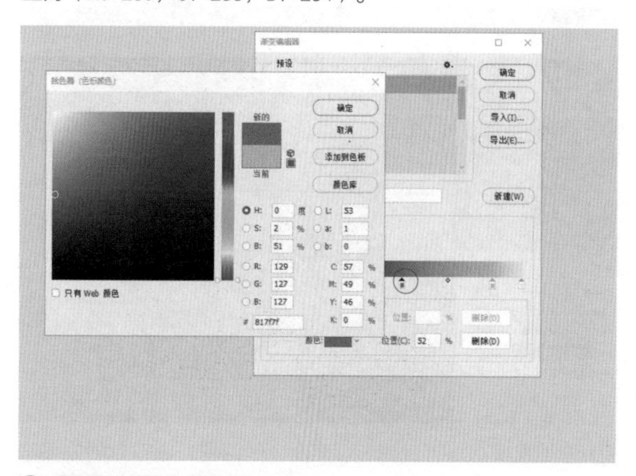

❺ **石膏球暗部的颜色** 单击渐变条，添加色标，双击色标，颜色值设置为（R：129，G：127，B：127）。

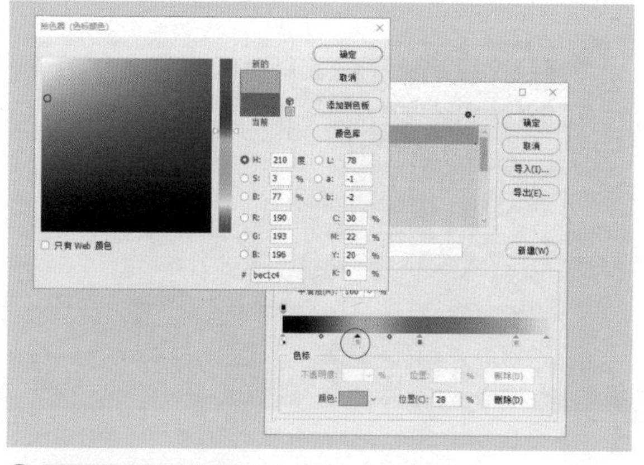

❻ **石膏球反光面的颜色** 单击渐变条，添加色标，双击色标，颜色值设置为（R：190，G：193，B：196）。

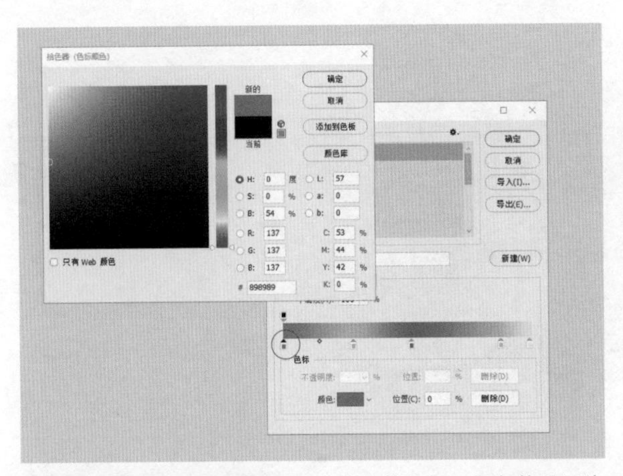

⑦ **石膏球阴影部分的颜色** 双击右边的色标，颜色值设置为（R：137，G：137，B：137）。

⑧ **填充渐变色** 在属性栏上勾选“反向”复选框，在图像中由右上至左下拖曳鼠标。

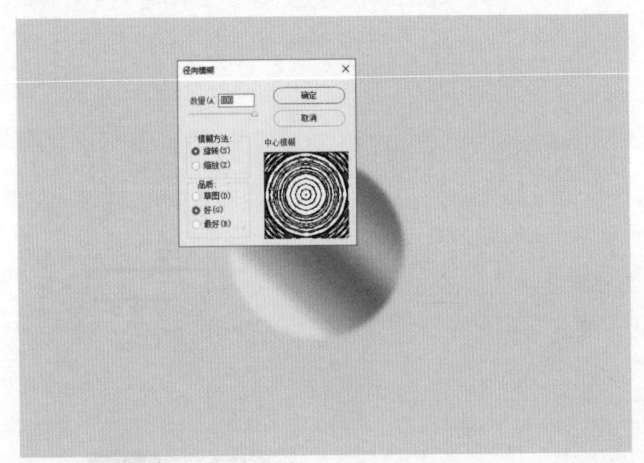

⑨ **柔和渐变色** 执行菜单中的“滤镜”\“模糊”\“径向模糊”命令，在对话框中设置“数量”为“100”，选中“旋转”单选钮。

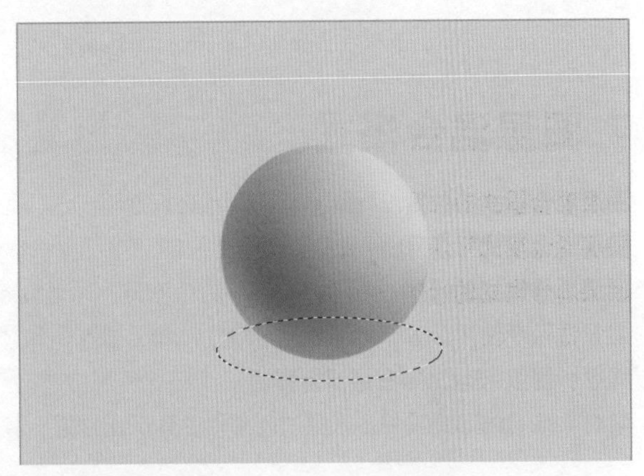

⑩ **制作阴影** 在石膏球图层下方，新建图层，用“椭圆选框工具”绘制一个椭圆形。

⑪ 填充黑色，按 Ctrl+D 快捷键，取消选区。

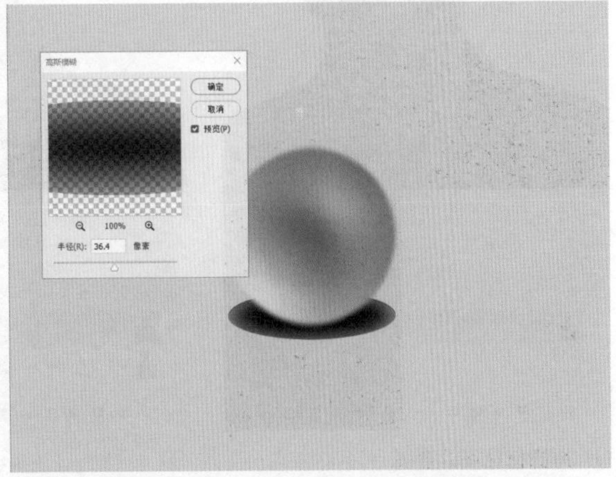

⑫ 执行菜单中“滤镜”\“模糊”\“高斯模糊”命令，在对话框中设置“半径”为“36.4”像素。

⓭ 按 Ctrl+T 快捷键，进入自由变换，按住 Ctrl 键分别拖曳 4 个角的锚点，调整阴影形状。

⓮ 选择“画笔工具”，设置前景色为黑色，“不透明度”为“10%”，在石膏球的底部涂抹，加深阴影，使阴影看起来更逼真。涂抹完成后，即完成石膏球的绘制。

提示

使渐变色柔和的径向模糊参数不一定是100，应根据石膏球的大小来调整数值。

7. 图层混合模式

图层混合模式的位置 “图层”面板中第1行选框。

图层混合模式可以 让两个图层混合在一起。

图层混合模式的操作 在图片中至少有2个图层，才能使用图层混合模式。在这里只讲两个使用频率非常高的混合模式，即“滤色”和“正片叠底”。

视频：视频\模块3\14图层混合模式

素材：练习\模块3\项目2 掌握调色常用工具\7.图层混合模式

⓫ **用滤色让图片变亮** 打开“练习\模块3\项目2 掌握调色常用工具\7.图层混合模式\1.滤色.jpg”。

⓬ 按 Ctrl+J 快捷键，将图层复制一份，并将其混合模式改为“滤色”，图片整体变亮。

⓭ 如果觉得图片变得过亮，可以用不透明度来调整变亮的程度。

04 用“正片叠底”让图片变暗 打开“练习\模块 3\项目 2 掌握调色常用工具\7. 图层混合模式\2. 正片叠底.jpg”。

05 按Ctrl+J快捷键将图层复制一份，并将其混合模式改为“正片叠底”，图片整体变暗。

06 如果觉得图片变得过暗，可以设置“不透明度”来调整变暗的程度。

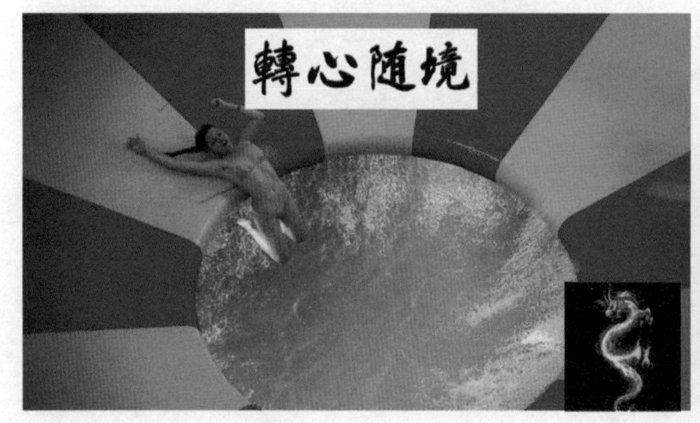

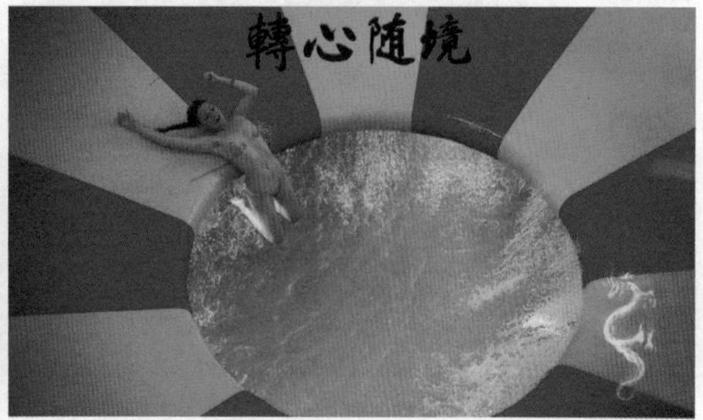

07 去黑和去白 在混合图片时，用“正片叠底”可以快速去除图片中的白底，用“滤色”可以快速去除图片中的黑底。

项目3 修正曝光不足

学习目标

修正曝光不足，让昏暗的图片变得明亮清晰。

任务实施

视频：视频\模块3\15曝光不足
素材：练习\模块3\项目3 修正曝光不足\曝光不足.jpg

分析 原图拍摄时曝光不足，特别昏暗，所以要通过调整让图片明亮、清晰。

01 整体提亮图片 新建曲线调整层，观察曲线调整层上的直方图，可以看到，高光缺失，所以把白色滑块向左拖曳。

❷ 图片还是不够亮，向上拖曳曲线，继续调亮图片，直到让模特的皮肤感觉透亮为止。

❸ **加强对比** 调亮后，图片显得有点灰，这是因为暗部不够暗，所以在曲线的下部向下拖曳，加强对比。此时，观察图片，曝光比较正常了，但是头发部分黑乎乎一片，没有细节，需要进一步调整。

❹ **盖印** 按Ctrl+Shift+Alt+E快捷键，将调整结果生成一个新的图层。

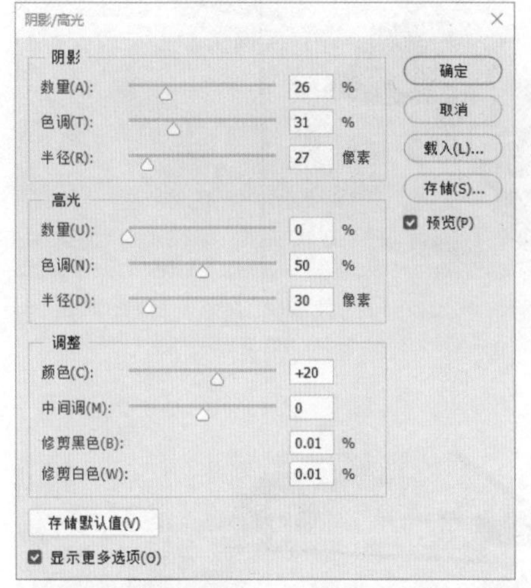

❺ **调出头发细节** 执行菜单中的“图像”\“调整”\“阴影”/“高光”命令，按图中所示的数值设置阴影的参数，其他设置不变。

❻ **最终效果** 人物曝光正常，头发有细节。

提示

在调色时，经常会遇到这样的情况，并不是整张图片都有问题，而是某个局部存在问题，如本例中的头发。这时，就要思考这个局部有什么特点？譬如，本例中的头发属于图片的阴影部分，所以用“图像”/“调整”/“阴影”/“高光”命令进行调整。另外，色彩范围、图层蒙版等技术也经常会用来进行局部的调色。

项目4 调出高调色

学习目标

了解什么样的图片符合调高调色需求，调出高调色效果。

任务实施

视频：视频\模块3\16高调色

素材：练习\模块3\项目4 调出高调色\高调色.jpg

高调色的特点是颜色偏白、偏亮，图片内容的类型以人物为主。这类图片的拍摄地点建议在室内，背景要简洁，不管是背景还是人物衣服，颜色都以白色为主。在后期处理时，要整体提亮照片颜色，色调偏冷。

01 **分析原图** 这是一张室内图，环境背景简洁，以白色调为主，达到了高调色的基本要求。但人物皮肤偏红，照片偏暗，需要调整照片，使其往亮、白和淡淡的冷色靠拢。

02 在"图层"面板中，按Ctrl+J快捷键，复制背景层，得到"图层1"。

03 **人物皮肤适当去红色** 单击"创建新的填充或调整图层"按钮，在弹出菜单中选择"可选颜色"命令，"颜色"为"红色"，设置"青色"为"+9"，"洋红"为"-24"，"黄色"为"18"，"黑色"为"-35"。

04 **调整照片色调，整体偏冷** 单击"创建新的填充或调整图层"按钮，在弹出菜单中选择"照片滤镜"命令，单击"颜色"色块，设置颜色值为（R：33，G：76，B：49），"密度"设置为"50%"。

05 稍微提高一下对比度 单击“创建新的填充或调整图层”按钮，在弹出菜单中选择“亮度 / 对比度”命令，设置“对比度”为“20”。

提示

在调色时，很少能够用一个工具、一种方法就达到预期效果，往往要结合多个工具，使用多种方法才能达到预期。例如，要想加强对比，可以先用“S”曲线，再用“亮度 / 对比度”加强一下对比，这样结合的效果会比单独使用一个工具所达到的效果要好一些。

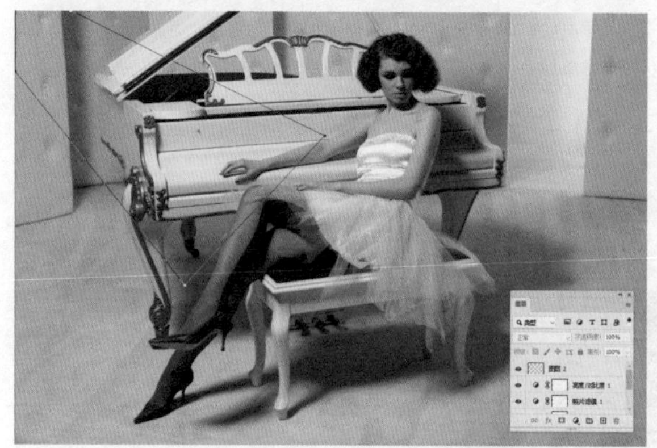

06 在照片左上角添加白光，使其更有透亮感 添加新图层，用“钢笔工具”在左上角大致勾出一个扇形，闭合路径。

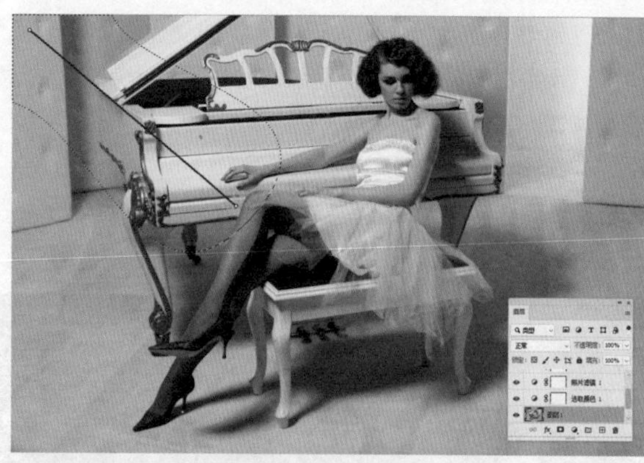

07 按 Ctrl+Enter 快捷键，转换为选区，选择“矩形选框工具”，在选区中单击鼠标右键，在弹出菜单中选择“羽化”命令，将“羽化半径”设置为“200”，再羽化两次，选择“渐变工具”，单击属性栏上的渐变条，选择白到透明渐变，由左上角向斜下方拖曳，完成渐变操作。

08 按 Ctrl+D 快捷键，取消选区，则完成调色。

项目5 黑白照片调色

学习目标

掌握调出黑白色的人物图像的方法。

任务实施

黑白色调图片的特点是强对比，图片内容以人物为主。拍摄地点一般是在摄影棚内，采用硬光拍摄。硬光是指强烈的直射光。在硬光的照射下，人物的受光面和背光面的亮度差距大，造成强烈的明暗对比效果，使人物更有立体感。调黑白照片的方法有两种，一是用Camera Raw调整，二是通过黑-白的渐变映射调整层调整。

黑白色调1

视频：视频\模块3\17黑白色调1

素材：练习\模块3\项目5 黑白照片调色\黑白原片.jpg

❶ **打开素材图片** 将这张美女特写调整为有层次的黑白色调，用 Camera Raw 调黑白照片的方法进行调整。

❷ 执行菜单中的“文件”\“打开为”命令，选择“练习\模块 3\项目 5 黑白照片调色\黑白原片 .jpg”，将文件格式设置为“Camera Raw”。

⓭ **调整曝光和黑白，增强照片对比度** 将“曝光”设置为“+0.85”，“黑色”设置为“29”。

⓮ **调整清晰度，增强皮肤质感** 将“清晰度”设置为“+53”。

⓯ 若亮暗对比不够明显，可以增加对比度；若亮度过多了，可以降低亮度。这里将“对比度”设置为“+34”，“亮度”设置为“-20”。

⓰ 单击“黑白”按钮，图片变为黑白色。提高黄色，将“黄色”设置为“+100”，增加头发的亮度。

提示

Camera Raw 是 Photoshop 专门用来处理 Raw 格式图片的插件，向 Photoshop 拖入一个 Raw 格式图片时，会自动打开 Camera Raw。在实际工作中，也会经常用 Camera Raw 来处理一些非 Raw 格式的图片，本例就是这样。

⓱ 单击“打开”按钮，然后将照片另存为合适的文件即可完成操作。

黑白色调2

视频：视频\模块3\18黑白色调2

素材：练习\模块3\项目5 黑白照片调色\黑白原片.jpg

01 **打开素材图片** 用黑－白的渐变映射方法，将图片调整为黑白色。

02 单击“创建新的填充或调整图层”按钮，在弹出菜单中选择“渐变映射”命令。

03 **将照片变为黑白色** 单击属性栏中的渐变条，选择黑－白的渐变。

04 调整“不透明度”可以为黑白照片增加些颜色，黑白照片的操作就完成了。

项目6 低饱和度色调

学习目标

掌握低饱和度色调调整技巧。

任务实施

低饱和度色调的特点是柔和，图片的内容以人物为主。在后期处理时，主要是降低照片的饱和度，然后通过调整图片的混合模式来得到效果。

视频：视频\模块3\19低饱和度色调

素材：练习\模块3\项目6 低饱和度色调\低饱和度.jpg

01 **分析原图** 原图片的色调偏黄，下面要将它调整为柔和的、低饱和度的色调。

02 按 Ctrl+J 快捷键，复制背景层，得到“图层 1”，选择背景层，执行“图像”\“调整”\“去色”菜单命令。

03 设置“图层 1”的混合模式为“柔光”，则图片的饱和度降低。

04 若设置“图层 1”的混合模式为“叠加”，则图片的对比度增强。这两种混合模式得到两种不同的效果。

提示

有很多方法可以做出很棒的低饱和效果，本例只是其中之一。在用 Photoshop 处理图片时，没有明确的标准来衡量什么样的方法或什么样的效果是最好的。即使是相同的手法，用在不同的图片上，得到的效果可能也截然不同，这就需要读者自己去探索。

项目7 调出风景的空间层次

学习目标

掌握调整明暗对比的技巧、调色技巧，让画面的层次丰富，立体感更强。

任务实施

视频：视频\模块3\20海滨落日

素材：练习\模块3\项目7 调出风景的空间层次\海滨落日.jpg

01 **分析原图** 这是一张海边落日的图片，但是拍摄时间不对，天空还很亮，夕阳的感觉偏弱。同时图片偏灰，色彩也不够饱满。

02 **调整对比** 新建曲线调整层，将曲线两端向中间拖曳，整体调整画面的对比度。

03 新建亮度 / 对比度调整层，降低亮度，增强对比，进一步调整对比度。

04 **调整局部明暗** 用“快速选择工具”（或“套索工具”），选中海平面以下的区域，并适当羽化。

⑤ 新建曲线调整层，锁定暗部，提亮高光，加强海面的光感。

⑥ 用“矩形选框工具”选中天空区域，并适当羽化。

⑦ 新建亮度 / 对比度调整层，将天空的色调调暗，加强对比。

提示

本例的很多操作步骤中，并没有提供具体的参数，如果想按照案例的参数进行设置，建议跟着案例的视频教学做。但建议读者在学习时不要过于关注案例所用的参数，而应在设置参数的同时观察图片的变化，根据实际的效果来确定参数的数值，这样可以得到更好的效果。

⑧ **加强夕阳感** 夕阳的颜色为暖色，主要是红色和黄色。新建曲线调整层，选择红色通道，提高曲线，选择蓝色通道，降低曲线。增加红色和黄色，增强夕阳的效果。

09 用蒙版擦除天空和海面的区域，让刚才调整的夕阳的颜色只影响太阳和太阳周围的区域。

10 **调整细节明暗，加强立体感** 新建曲线调整层，压暗颜色并将其蒙版填充黑色，用白色画笔在画面最暗的部位涂抹。

提示

刻画细节处的明暗能让图片更立体。本例用曲线调整层实现了效果，其实也可以用“加深工具”、“减淡工具”来实现。用曲线调整层的好处是，可以随时进行修改。建议读者通过教学视频学习步骤 09 和步骤 10 的具体操作方法，截图不容易看懂。

11 新建曲线调整层，提亮颜色并将其蒙版填充黑色，用白色画笔在画面最亮的部位涂抹。

12 用“椭圆选框工具”创建选区，进行反选操作，选择画面的四周边缘，进行多次羽化操作。新建曲线调整层，略微调暗，制作暗角，突出画面主体。最终效果如下图所示。

提示

调色，不仅仅只是调整颜色，一定要同步调整画面的明暗，有了好的明暗对比，画面才会有强烈的空间感。有了好的明暗做基础，无论调出什么样的颜色都会很漂亮。

项目8 复古色调

学习目标

掌握复古色调调整方法。

任务实施

视频：视频\模块3\21复古色调
素材：练习\模块3\项目8 复古色调\复古色调.jpg

01 **分析原图** 这张图片比较有欧美复古的感觉。在调色的时候，希望能有一些复古的灰色调，同时让片子的感觉更朦胧一些，更契合模特慵懒的姿态。

02 **做明暗** 调色前的第 1 步都是先调整图片的明暗。感觉图片整体有点暗，新建曲线调整层，将图片稍微提亮，然后再把暗部压下去一些，这样在提亮亮部的时候就不会让暗部太灰。

提示
并不是随便拿到一张片子都可以进行复古色调，能拍摄出复古的感觉更重要。

03 **处理皮肤的颜色** 先观察人物的皮肤，肤色偏红。新建可选颜色调整层，“颜色”选择为“红色”，对其进行加青、减红、减黄的调整；“颜色”选择为“黄色”，对其进行减红、减黄的调整，这样皮肤颜色会更正常一些。

05 **整体调色** 让阴影偏紫一些，高光偏黄一些。新建色彩平衡调整层，在阴影中加红色、加蓝色，这样就可以得到紫色。

06 观察图片的中间调，有点太紫了，在中间调中加青、减红、减蓝，即可为中间调去掉一些紫色，也让中间调偏一些黄。

04 **为背景增添复古感** 新建可选颜色调整层。“颜色”选择为“黑色”，统一减少青色、洋红、黄色、黑色的数值，让黑色背景区域变淡，这样可以产生一些朦胧感；“颜色”选择为“中性色”，把黑色降低一些；“颜色”选择为“白色”，在白色里加一点黄色，因为复古通常都是偏黄的色调。

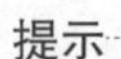

⓻ 在高光部分，加黄色，并根据画面的感觉适当设置其他参数。

提示

在学习调色时，切记不要死记硬背数值，应结合色彩知识和自己的调色目的进行调整，一边调整数值，一边观察画面的变化，以得到最佳的效果。Photoshop 有很多调色的工具，虽然它们各司其职，功能各不相同，但原理是相通的，最基本的就是遵循了 RGB 和 CMYK 的色彩组合的原则。

⓼ **压暗四角，制造视觉中心** 用“椭圆选框”工具画如图所示的选区，将“羽化”半径设置为“250”像素。

⓽ 执行“选择”\“反选”菜单命令，新建曲线调整层，按图中所示调整曲线，可以看到四角被压暗了，这样中间的人物会更加突出。

项目9 古铜色调

学习目标

掌握古铜色调的调整方法。

任务实施

视频：视频\模块3\22古铜色调

素材：练习\模块3\项目9 古铜色调\古铜色调.jpg

01 分析原图 图片本身没什么问题，色彩正常，但有些太普通，人物不够立体，皮肤质感也不强。下面通过调色来增强人物皮肤质感，同时让整个片子显得更具有广告氛围。

02 加强对比 新建曲线调整层，调整“S”形曲线，将亮部提亮、暗部压暗。注意调整幅度不要过大，应一边调整，一边观察图片的变化。

03 调整古铜色皮肤 皮肤颜色以红色和黄色为主。新建“可选颜色”调整层，调整红色和黄色，加强皮肤的质感。男性的皮肤增加古铜色会更有男性味道，因此，在红色里加青色，同时加红色和黄色，让皮肤整体的色彩更厚重一些，这样男模的古铜色皮肤的基本调子就定好了。

提示

选择“绝对”单选钮，古铜色皮肤质感立刻呈现出来了。如果选择了“相对”单选钮，则没有这样的效果。

04 将颜色切换至黄色，在黄色里增加青色、洋红和黄色，这样皮肤的古铜色调就出来了。

05 将颜色切换至白色，在白色里减少青色、洋红和减黄色，这样亮部会亮一些，图片会更有立体感。

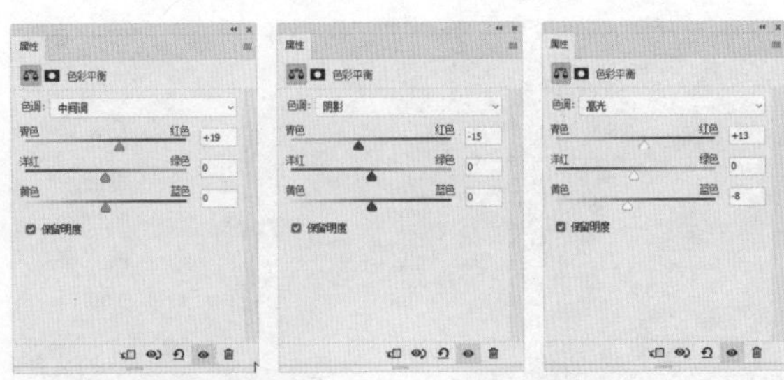

06 进一步刻画皮肤细节 新建色彩平衡调整层，中间调加红色，阴影加青色，这样可以在没有大幅度改变色相的前提下让饱和度更高一些。为高光加红色、黄色，让皮肤红润一些。

提示

在色彩平衡设置的初始状态时，滑块默认在两个颜色的正中央，将滑块向哪个颜色拖曳，就是增加了哪个颜色的数值。同一行的两个颜色互为互补色，如青色和红色，加强了红色其实就相当于减弱了青色，其正负数值没有什么具体的意义。

07 加强对比 新建“色相 / 饱和度”调整层，把饱和度降至最低，然后将其混合模式改为“柔光”，图片的对比得到了加强。但是有点太过了，衣服和头发都变成了黑色。

08 降低“色相 / 饱和度”调整层的不透明度，并在其图层蒙版中用黑色擦出皮肤以外的区域，只加强皮肤的对比。至此，皮肤的颜色和立体感基本调整完毕。

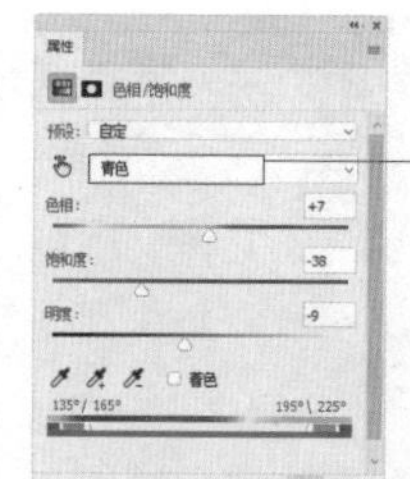

选择任意一个颜色，就可以使用吸管吸颜色，否则吸管为不可用状态。

09 压暗背景 经过前面的调整，背景被提亮，为了突出主体人物，背景还需要进行适当的压暗。观察这张图片的背景，属于纯色，所以不需要抠出，用“色相 / 饱和度”直接调整即可。在“色相 / 饱和度”属性面板中，选择任意一个颜色，用“吸管工具”单击背景处，背景的颜色范围即被锁定，然后降低其饱和度并设置其他数值。

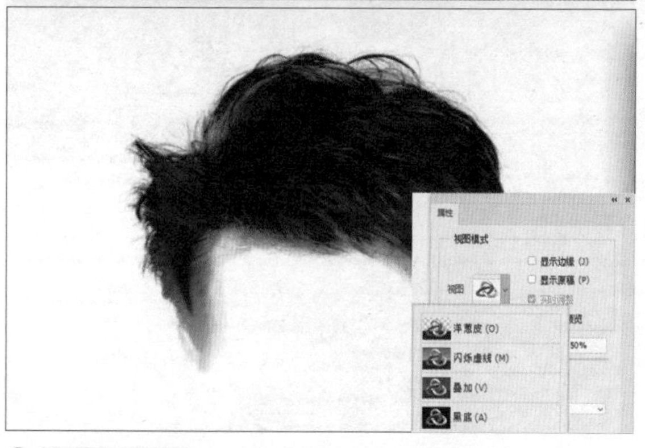

10 精修头发区域 用“快速选择工具”大致选出头发，然后用“调整边缘”在头发边缘涂抹，让选区更精准。因为头发是黑色的，所以在调整边缘的视图中设置背景为白色。

11 新建曲线调整层，向左拖动白色滑块并观察图片，直到画面上出现头发的高光，添加“S”形曲线，加强头发的对比。至此，全图调整完毕。

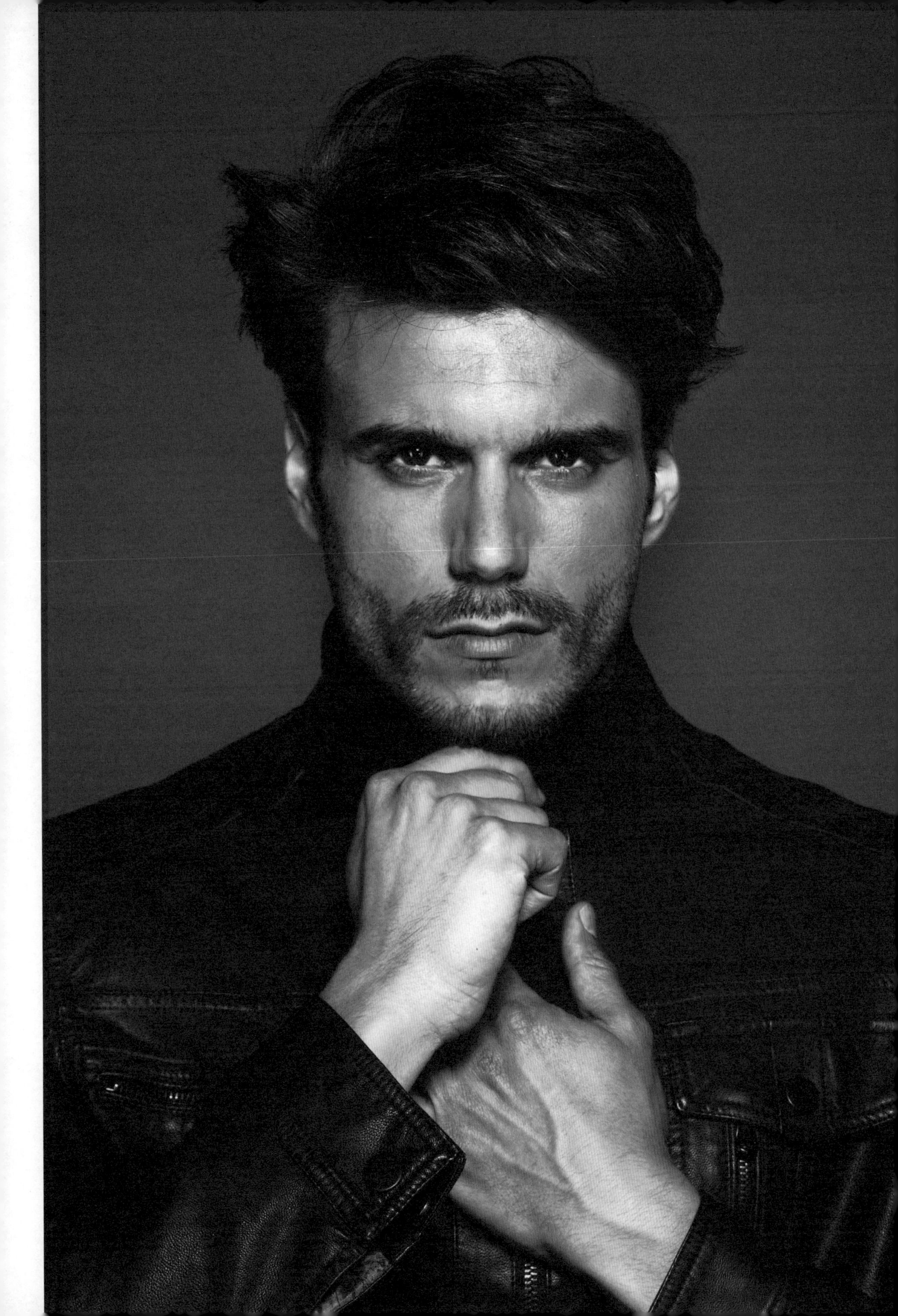

调色总结

1.拿到一张照片通常要想的问题

（1）它看起来正常吗？是太亮、太暗、太灰，还是颜色不对、色彩不饱满，通常偏灰的比较多?

（2）你希望它更清新一些（调亮），还是更深沉一些（调暗）?

2.拿到一张照片通常要做的简单工作

（1）动动色阶（去灰）；

（2）加一点饱和度（让颜色更饱满）；

（3）S曲线加对比；

（4）加点锐化。

3.拿到一张重要的照片后的工作流程

（1）分析原片、分析设计要求；

（2）修图；

（3）调色。

4.一些技巧

（1）养成好的习惯，按Ctrl+J快捷键复制图层后，再处理照片；

（2）想好你要做什么，然后再做；

（3）调图时，要时刻与原图做对比；

（4）新建文件和图层时，养成起好名字的好习惯；

（5）尽量用调整层，所有的调色命令的快捷键加上Shift键就是调整图层。

作业

1. 美少女户外写真

使用提供的素材完成图片调色。

核心知识点：图片色调的调整。

尺寸：自定。

颜色模式：RGB色彩模式。

分辨率：72ppi。

作业要求：

（1）使用提供的任务素材进行调色处理；

（2）作业需要保存为JPG格式文件。

2. 辽阔的草原

使用提供的素材完成图片调色。

核心知识点：图片色调的调整。

尺寸：自定。

颜色模式：RGB色彩模式。

分辨率：72ppi。

作业要求：

（1）使用提供的任务素材进行调色处理；

（2）作业需要保存为JPG格式文件。

3. 日系暖色调

使用提供的素材完成图片调色。
核心知识点：图片色调的调整。
尺寸：自定。
颜色模式：RGB色彩模式。
分辨率：72ppi。

作业要求：

（1）使用提供的任务素材进行调色处理；
（2）作业需要保存为JPG格式文件。

4. 糖水色调

使用提供的素材完成图片调色。
核心知识点：图片色调的调整。
尺寸：自定。
颜色模式：RGB色彩模式。
分辨率：72ppi。

作业要求：

（1）使用提供的任务素材进行调色处理；
（2）作业需要保存为JPG格式文件。

5.LOMO 色调

使用提供的素材完成图片调色。
核心知识点：图片色调的调整。
尺寸：自定。
颜色模式：RGB色彩模式。
分辨率：72ppi。

作业要求：

（1）使用提供的任务素材进行调色处理；
（2）作业需要保存为JPG格式文件。

模块4 合成

绝大多数平面创意都是使用Photoshop通过合成图片来实现的。合成不是一个单一的功能，而是对Photoshop多种功能和命令的综合应用，如抠图、修图和调色等。除了要用好Photoshop，一个好的创意合成离不开前期的创意策划、道具准备和拍摄等工作的配合。

项目1 认识合成，掌握合成要点

当设计师产生一个很棒的创意之后，通常都需要用 Photoshop 实现出来，合成是常用的实现方法之一。Photoshop 合成的几个要点包括做透视、做光影、拼接素材，以及让所有素材的色彩一致。

1. 合成介绍

图像合成广泛应用于视觉创意的多个细分领域，很多创意广告都通过合成来实现令人难忘的视觉画面效果，从而使产品给人留下深刻的印象。

在摄影作品中融入一些有趣的元素和细节，可以让人眼前一亮，甚至创作出一些以假乱真的画面。

精美的电影海报离不开Photoshop的绘画、调色和合成，几乎所有的电影海报都是合成作品。

2. 合成的基本功

从Photoshop的技术角度来分析，合成主要包含的关键点：熟练使用常用工具、修图、抠图、元素变形、图层混合模式、调色和使用快捷键。以下图的合成作品为例，对这些关键点进行分析，帮助读者在后续的学习中抓住重点。

合成效果
素材 1
素材 2
素材 3
素材 4
素材 5
素材 6

第1个素材经过调色作为画面的主场景，第2个素材中的天空用蒙版融入主场景，第3个素材中的书要用“钢笔工具”抠出来放置于人物旁边，第4个素材中的鸟被抠出放置于主场景，第5个素材中的人物和动物被抠出放置于主场景，第6个素材中的小船被抠出放置于主场景的湖面上。在完成这幅作品的过程中，还综合运用了工具箱中的多个工具，以及自由变换、图层混合模式等Photoshop的核心功能。可以说合成工作是对使用者的Photoshop综合运用能力的检验，需要使用者对多个工具的配合有深入的理解。

3. 学习合成的方法

看优秀作品

想要掌握合成的核心技能，首先要大量观看和收集优秀的合成作品，可以去优秀的设计网站寻找灵感。读者也可以在这些设计网站上建立自己的灵感库，以关键词进行分类，收集优秀的作品。

收集优质素材

做合成需要收集大量的素材图片，找到优质的图片是合成的必修课。有很多网站有大量优质的免费图片素材，可以下载到本地练习。若想在商业设计中使用这些素材，一定要注意素材的授权范围，避免侵权。

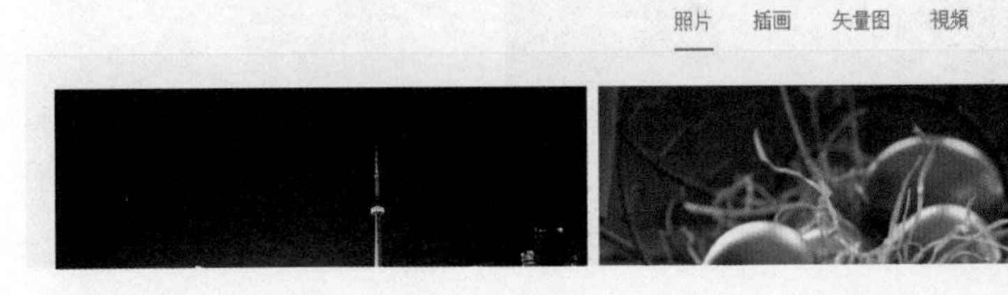

分析优秀作品的要点并尝试临摹

收集了大量的优秀作品，并找到合适的素材后，应该对优秀的作品进行拆解、分析。看作品时可以思考这些问题：它用到了哪些素材？它处理光影、构图和色彩的手法，我是否能做到？当发现自己在技术上有欠缺时，应及时学习，补足技术短板。

临摹对象、可替代的素材、需掌握的技术都准备完毕后，就可以尝试临摹一个优秀的作品了。在临摹的过程中可以提升Photoshop使用技术，并尝试理解所临摹的作品的技术以外的优秀之处。

当具备了临摹一个或多个优秀作品的能力后，Photoshop技术问题就不再是障碍了。在临摹的过程中，寻找合适素材的能力也会大大提升。此时就可以尝试将自己想象中的美妙画面以视觉的方式呈现出来。

4. 合成的理论知识

创作合成作品最基础的3个理论知识——构图、空间和透视、色调。这些基础知识也是绘画、摄影的必备知识。

（1）构图

近景构图可以突出主体，减少环境干扰，更好地表现主体的细节，使画面具有感染力。中景构图既能表现出一定的主体细节，又能拥有环境因素，烘托画面气氛。远景构图容纳了更多的环境因素，适合表现大场景。

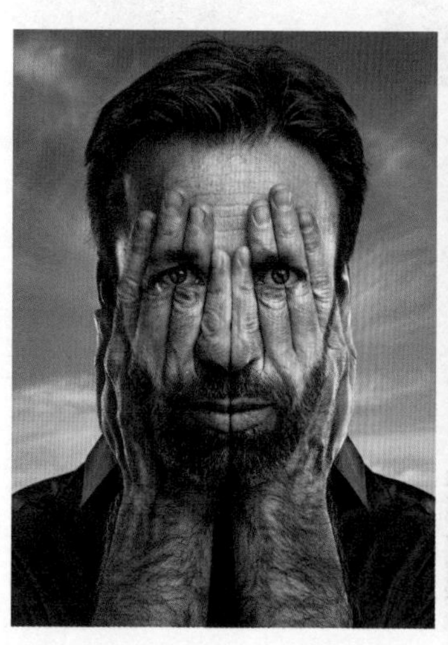

此外，对称构图、三角形构图、三分构图和中心构图等构图方式，在合成作品中的应用也非常广泛。

（2）空间和透视

在创作合成作品时，一定要注意空间和透视关系。将一个主体放置到一个空间后，需要对主体和空间的关系进行调整，主要可以概括为远近、虚实和明暗3个要点。做好这3个要点，可以让合成后的效果看起来更加真实。

远近，即近大远小，离视点近的物体看起来更大，离视点远的物体看起来更小。物体放置在一个空间中，如果把它放在远处，需要把它适当地调整得小一些。

虚实，即近实远虚，离视点近的物体通常看起来更清晰，离视点远的物体通常看起来更模糊。将物体放置在一个空间中远处的位置时，通常需要把它调整得模糊一些；将物体放在一个空间的近处时，通常需要让它保持清晰。在创作合成作品时，通常会使用近实远虚的方法，让画面的主体物更加突出，让背景弱化。

明暗，一般指的是，距离近的物体，饱和度和明度高；距离远的物体，饱和度和明度低。物体放置在一个空间中较远的位置时，通常需要把它的饱和度和明度调整得低一些；物体放置在一个空间中较近的位置时，通常需要把它的饱和度和明度调整得高一些。与此同时还要考虑到物体与整体环境的饱和度、明度保持一致。

为主体选择背景时一定要选择透视关系一致的场景，否则合成后的画面看起来就会没有真实感。

（3）色调

由于素材来源不同，因此用于合成的多个素材的色调往往是不统一的，只有将多种素材的色调进行统一，画面看起来才会真实。此外，当画面中有发光物体时，其必然会影响周围的其他物体，需要对其他物体进行相应的色调处理。下面通过案例对合成中的色调知识进行讲解和练习。

视频：视频\模块4\1色调

素材：练习\模块4\项目1 认识合成掌握合成要点\手素材、月亮

01 修图和抠图。将手素材中的灯泡用“套索工具”选取出来，并用“内容识别填充”命令将其去除。然后，将月亮素材从黑色背景中抠选出来，使用“移动工具”将其移动复制到手素材的灯泡位置。

02 背景图调色。使用曲线调整图层将背景整体压暗，然后为背景添加暗角效果，进一步突出月亮。在制作暗角效果时，可借助图层的不透明度控制暗角的程度。

在使用调色的相关功能时，建议使用调整图层，以便在效果不满意时进行反复修改。

03 提高月亮的亮度。在月亮图层上新建曲线调整图层，并将其设置为剪贴蒙版，使得调亮的操作只作用于月亮图层，而不会影响背景图层。然后，新建一个亮度/对比度调整图层，将亮度和对比度提高，注意依然需要将其设置为剪贴蒙版，让其只作用于月亮。

接下来为月亮图层添加外发光的图层样式。外发光的颜色可以从月亮上亮度较高的区域吸取。

最后，在月亮图层的下方新建图层并制作一个模糊的填充纯色的圆形，进一步完善月亮发光的细节。通过这 3 个层次的提亮及发光处理，月亮看起来更自然。

04 制作月光照在掌心的效果。由于是用手托着月亮，因此月光必然会照亮掌心。实现月光照亮掌心效果的方法是，用曲线调整图层提亮掌心，将调整图层的蒙版填充为黑色，再用白色画笔将受光区域绘制出来。

05 渲染氛围。用喷溅画笔绘制一些光斑，再用“橡皮擦工具”擦除一些不自然的光斑。

项目2 立体书

学习目标

掌握用自由变换、透视制作立体书的效果。

任务实施

视频：视频\模块4\2立体书

素材：练习\模块4\项目2 立体书\杂志封面、杂志宣传语

立体书效果1

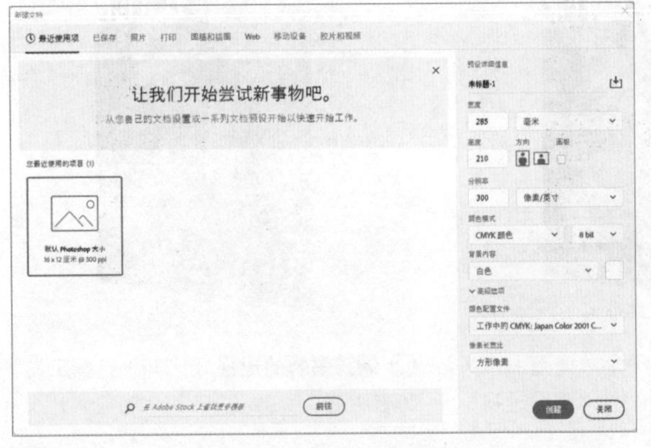

❶ 执行“文件”\“新建”菜单命令，设置“宽度”为“285 毫米”，“高度”为“210 毫米”，“分辨率”为“300 像素 / 英寸”，“颜色模式”为“CMYK 颜色”。

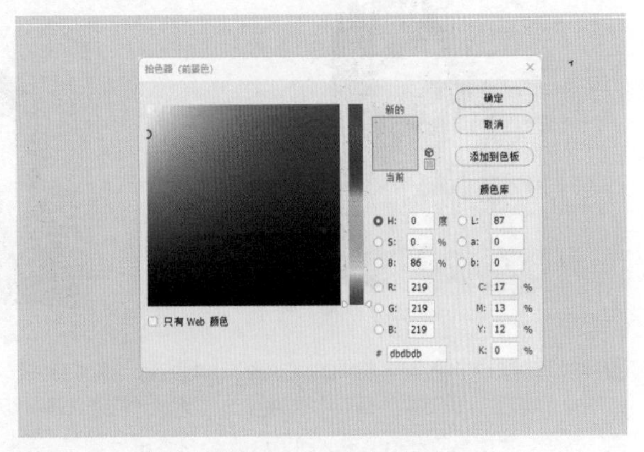

❷ 单击工具箱中的前景色，设置颜色值为（R：219，G：219，B：219），按 Alt+Backspace 快捷键，填充前景色。

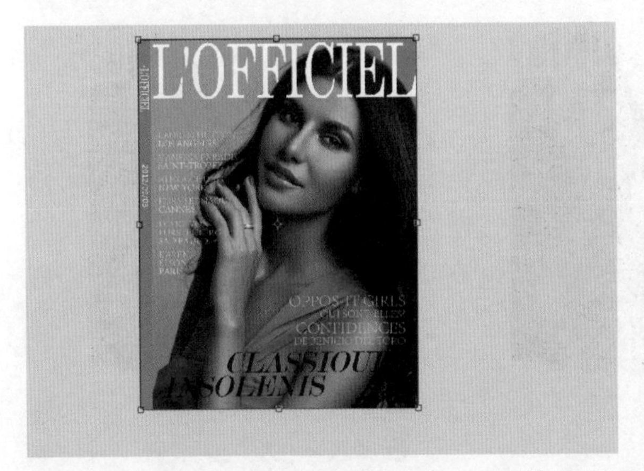

❸ 将“杂志封面 .jpg”拖入页面中，按住 Shift 键并拖曳右上角的锚点，使其大小适合页面。

❹ **调整封面透视** 在杂志封面中单击鼠标右键，在弹出菜单中选择“透视”命令。

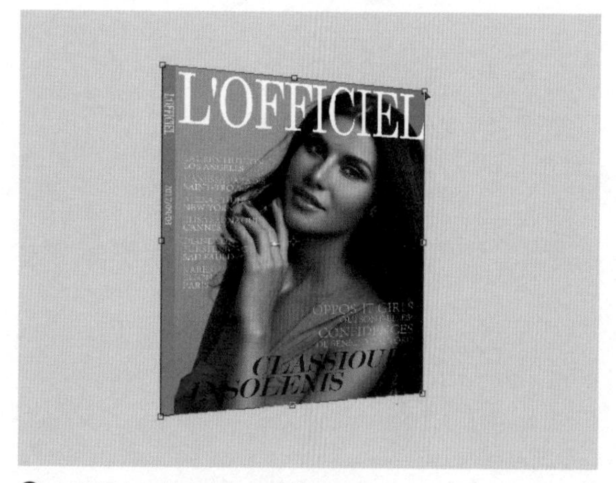

⑤ 用鼠标向下拖曳右上角的锚点。

⑥ 打开“编辑”菜单，选择“自由变换”命令。

⑦ 通过“透视”命令调整后的封面有被压扁的感觉，需要换为采用“自由变换”命令，用鼠标向左拖曳中间的锚点。

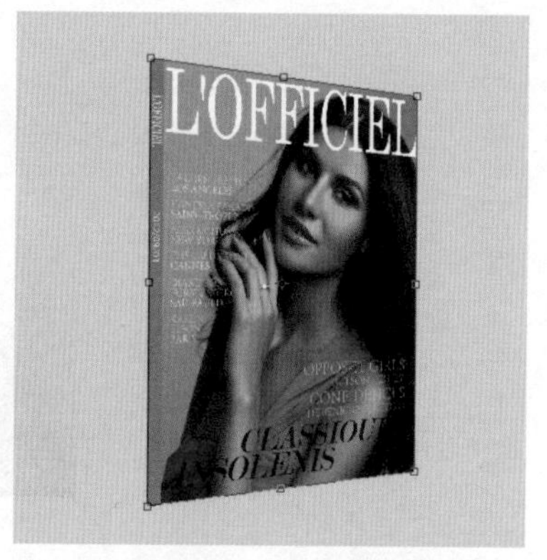

⑧ 用“自由变换”命令做调整后，又感觉透视感不够，再切换采用“透视”命令进行调整。

⑨ **调整书脊的透视** 用“矩形选框工具”框选书脊。

⑩ 单击鼠标右键，在弹出菜单中选择“透视”命令。

⑪ 用鼠标向下拖曳左上角的锚点。

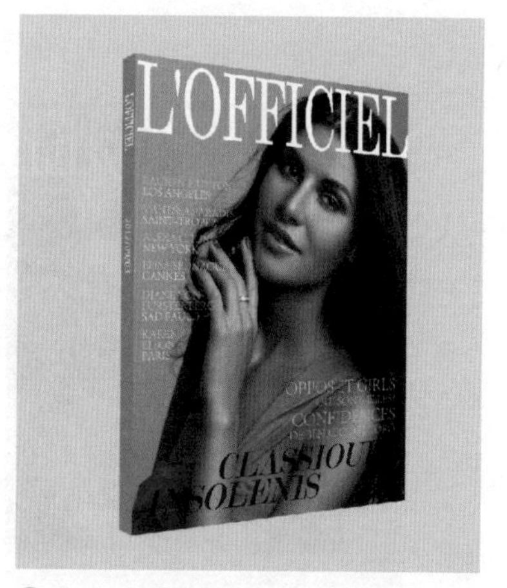

⑫ 切换采用为“自由变换”，将变宽的书脊调整得窄一些，按回车键，完成调整杂志封面透视的操作。

⑬ 假设右上角有光源照射，封面左下角则为阴影区域，下面要做的是为封面添加暗部。用“钢笔工具”勾出封面区域。

⑭ 按 Ctrl+Enter 快捷键，转换为选区。新建图层，选择“渐变工具”，填充黑－透明渐变。

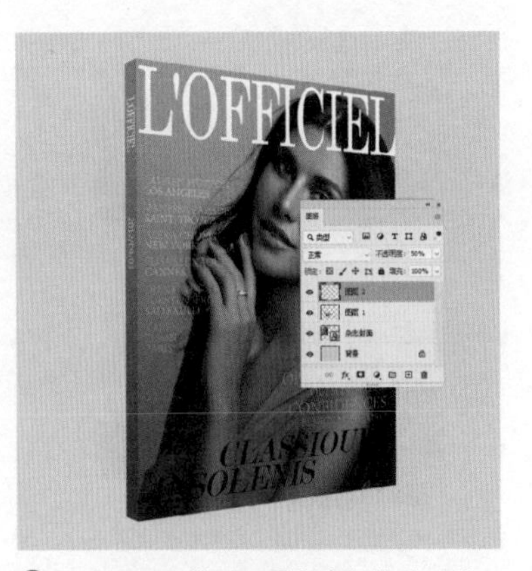

⑮ “图层 1”的“不透明度”为“35%”，添加书脊的暗部。新建图层，用“钢笔工具”勾出书脊区域，转换为选区，然后由下至上填充黑－透明的渐变，“不透明度”设为“50%”。

⑯ 按住 Shift 键并在“图层”面板中选择“封面”、“图层 1”和“图层 2”，按 Ctrl+G 快捷键编组，将“组 1”改名为“第 1 本”。

⑰ 将“第 1 本”图层组拖曳至“创建新图层”按钮上，将复制的图层组改名为“第 2 本”，并放在“第 1 本”图层组下方，用“选择工具”移动“第 2 本”图层组。

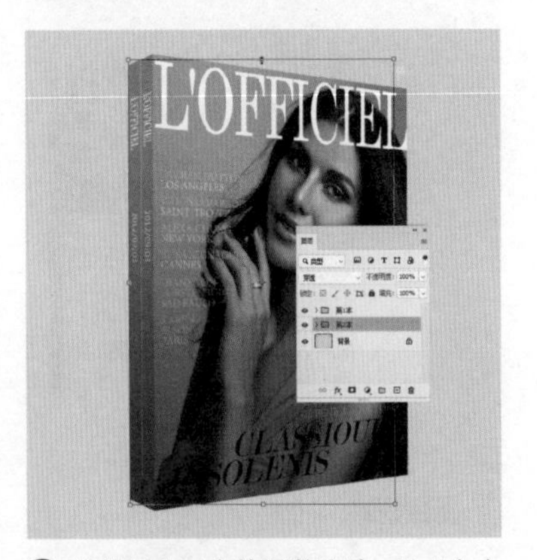

⑱ 根据近大远小的视觉关系，用“自由变换”命令调整“第 2 本”立体书图的大小，用鼠标向下拖曳中间位置的锚点。

⑲ 按住 Shift 键并选择“第 1 本”图层组和“第 2 本”图层组，将它们拖曳至“创建新图层”按钮上，复制图层组。

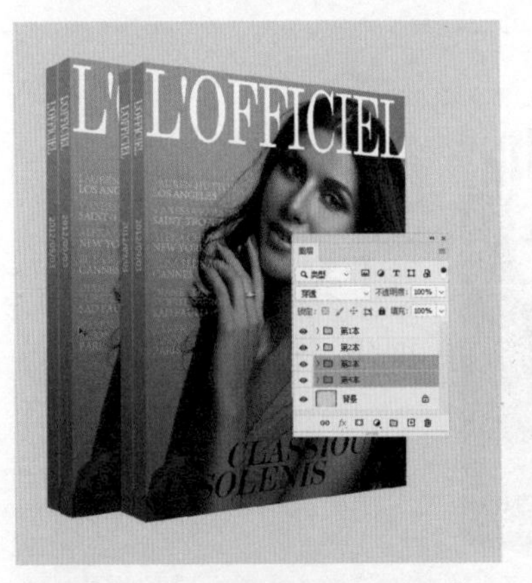

⑳ 将复制的图层组改名为“第 3 本”和“第 4 本”，并按顺序排好，用“选择工具”将后两个立体书图错开。

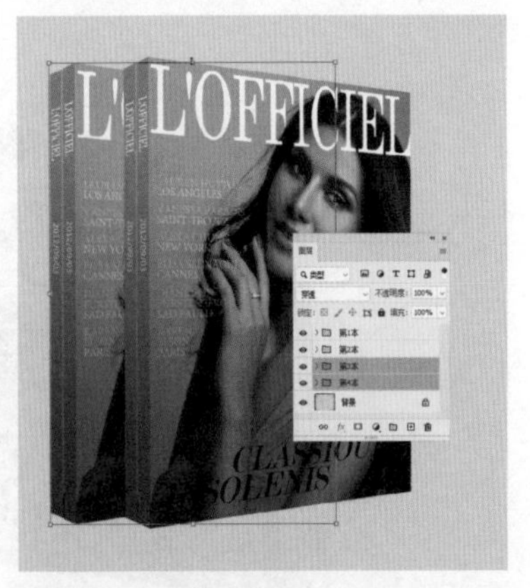

㉑ 用“自由变换”命令调整“第 3 本”和“第 4 本”立体书图的大小。

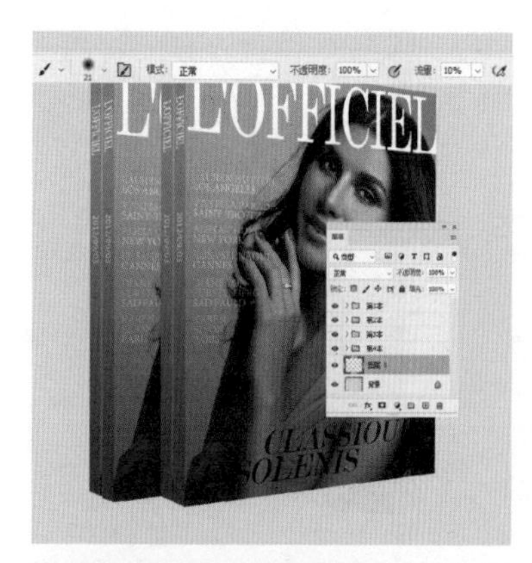

㉒ **添加立体书下方的阴影线** 在背景层上方新建一个图层，选择“画笔工具”，设置画笔的“大小”为“21”，“硬度”为“0”%。

㉓ 用“钢笔工具”在立体书下方勾出阴影线，不用闭合路径，单击鼠标右键，在弹出菜单中选择“描边路径”命令。

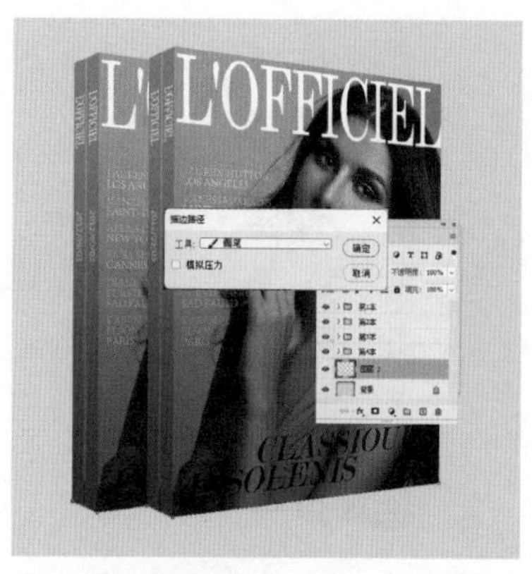

㉔ 在弹出的对话框中将“工具”选择为“画笔”。

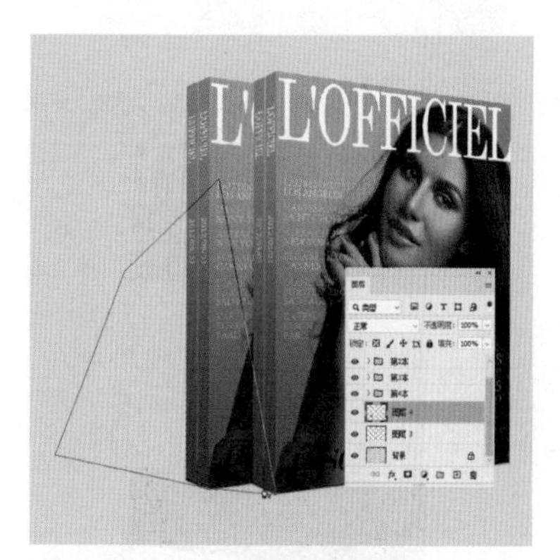

㉕ **添加阴影** 新建图层，用“钢笔工具”在立体书的左下角勾出阴影区域。

㉖ 按 Ctrl+Enter 快捷键，转换为选区，对其进行羽化，“羽化半径”为“50 像素”，选择“渐变工具”，由右下至左上填充黑 - 透明的渐变。

㉗ 用“橡皮擦工具”擦除多余的地方，用“画笔工具”在阴影区域沿着书的形状画一下，让阴影更有立体感。注意其不透明度要调整得很低。

㉘ 将杂志宣传语拖入图片中，选择“加深工具”，降低透明度，在背景层的四角涂抹，做暗角效果，加强视觉中心，操作完成。

立体书效果 2

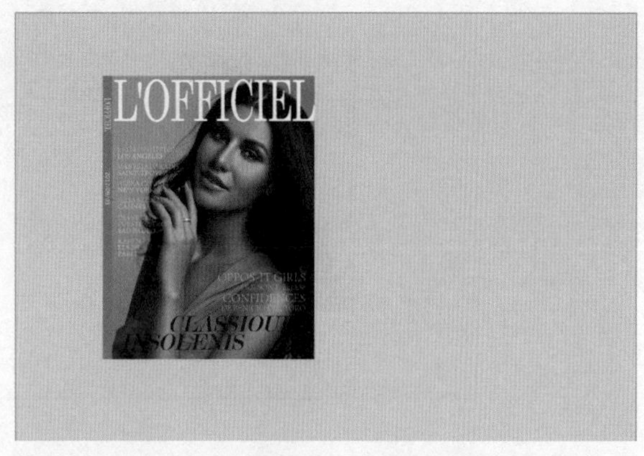

01 执行“文件”\“新建”命令，设置“宽度”为“285 毫米”，“高度”为“210 毫米”，“分辨率”为“300 像素 / 英寸”，“颜色模式”为“RGB 颜色”。单击工具箱中的前景色，设置颜色值为（R：219，G：219，B：219）。

02 按 Alt+Backspace 快捷键，填充前景色，将“杂志封面 .jpg”拖曳到画布中，按下回车键。

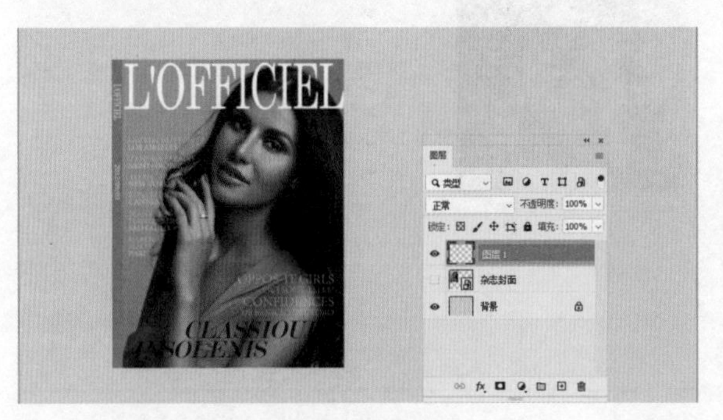

03 新建图层，作为放置立体书的图层。

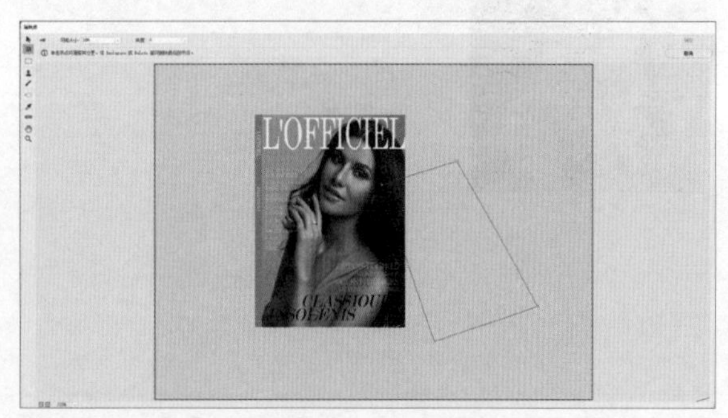

04 **建立透视面** 执行“滤镜”\“消失点”命令，用“创建平面工具”单击来分别建立立体书的 4 个点。

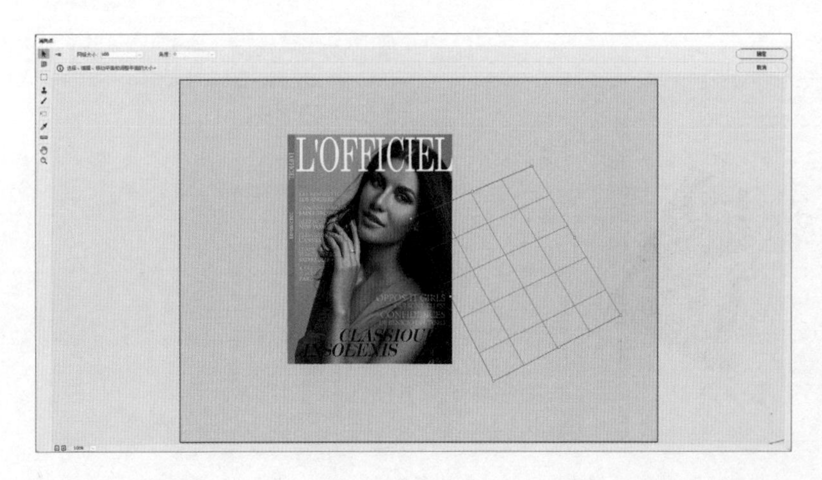

05 将鼠标指针分别放在 4 个点上，根据近大远小的原则调整透视角度，使其看上去像一本放倒的书。

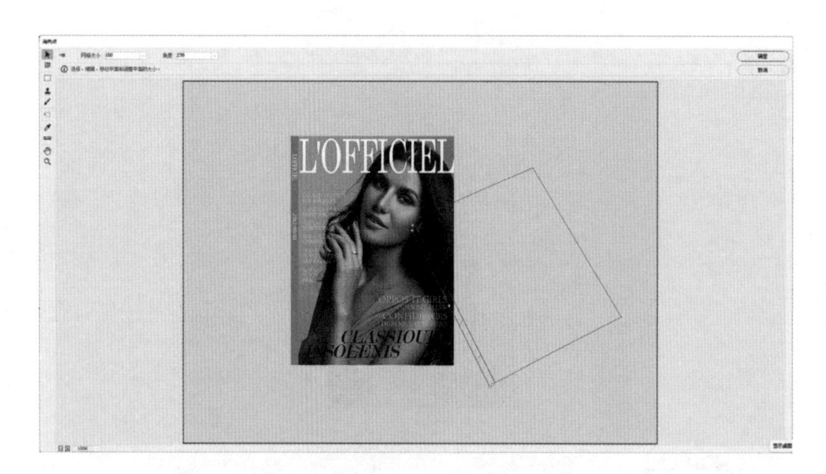

06 按住 Ctrl 键，用鼠标在左边中间点的位置向下拉，即可拖出书脊的透视面，完成透视面的操作后单击“确定”按钮。

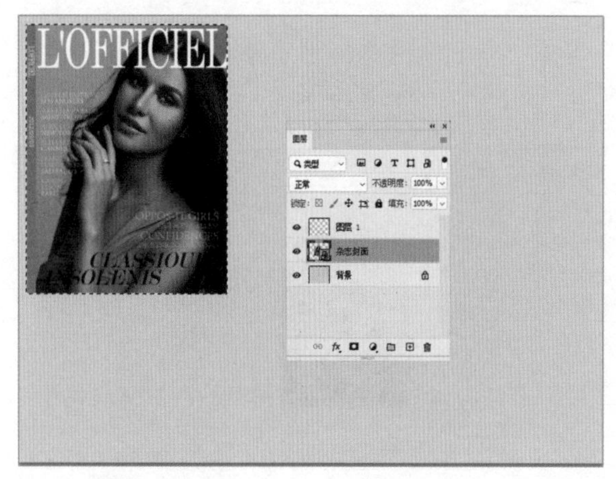

07 **将封面贴到透视面中** 选择“杂志封面”图层，按住 Ctrl 键，单击图层，载入选区，按 Ctrl+C 快捷键复制。

08 选择“图层 1”，按 Ctrl+D 快捷键，取消选区。

09 执行“滤镜”\“消失点”命令，按 Ctrl+V 快捷键，贴入封面图，将封面图拖曳到透视面中。

⑩ 选择“变换工具”，按住 Shift 键，用鼠标拖曳右上角或右下角的锚点。若右上角没有出现锚点，可向左移动图片，直到锚点出现。调整书脊使其刚好在书脊透视面上。

⑪ 完成透视面贴图的效果。

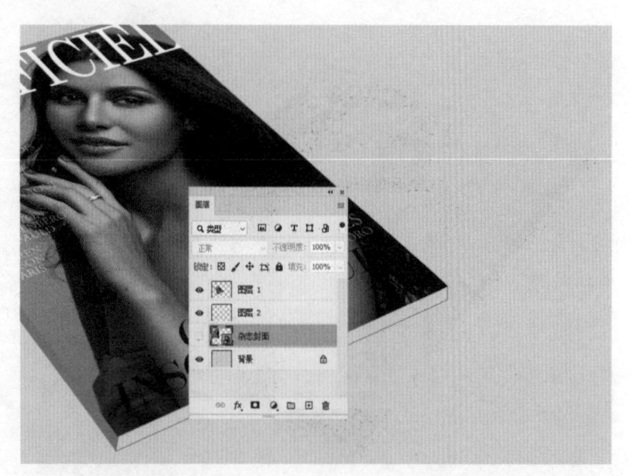

⑫ **添加立体书的底面** 在“杂志封面”图层上添加新图层，用“钢笔工具”勾出底面，闭合路径。

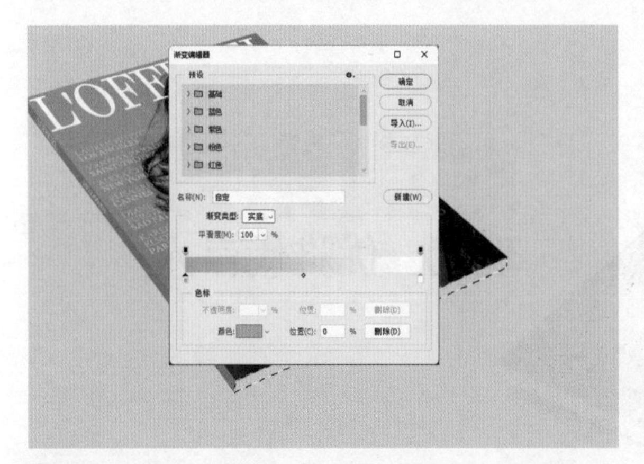

⑬ 按 Ctrl+Enter 快捷键，载入选区。选择“渐变工具”，打开右上角的下拉菜单，单击“新建渐变预设”，单击属性栏上的渐变条，在弹出的对话框中选择黑 - 白的渐变，双击黑色色调，选择灰色，则完成灰 - 白渐变的调整。然后为底面填充灰 - 白渐变。

⑭ **添加立体书的暗部** 在“图层 1”上添加新图层，设置黑 - 透明的渐变，用鼠标由左下角向右上角拖曳，填充黑 - 透明渐变。

⑮ 调整“图层”面板中的“不透明度”为“80%”。

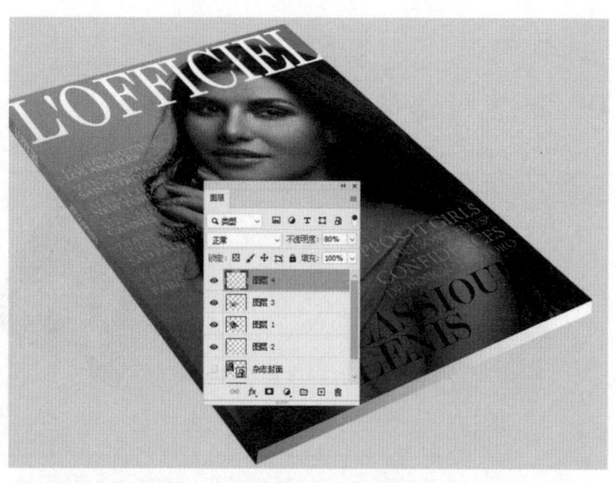

⑯ **添加书脊的暗部** 新建图层，用“钢笔工具”勾出书脊部分，转换为选区，并填充黑－透明的渐变，设置“不透明度”为“80%”。

⑰ **添加阴影** 在“杂志封面”图层上添加新图层，用“钢笔工具”勾出阴影区域，闭合路径，填充黑色。

⑱ 执行“滤色”\“模糊”\“高斯模糊”命令，在打开的对话框中设置“半径”为“15.8像素”。

⑲ 效果完成。

项目3 汽车广告合成

学习目标

掌握用选区、渐变制作汽车广告合成海报的方法。

任务实施

视频：视频\模块4\3汽车广告合成

素材：练习\模块4\项目3 汽车广告合成\背景材质、汽车1、汽车2、汽车文字

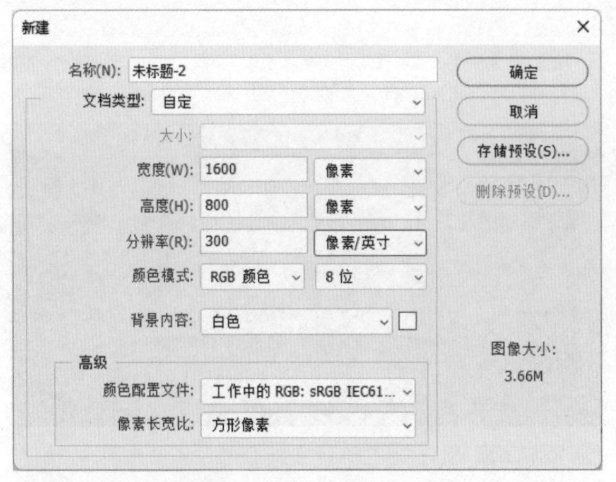

01 执行“文件”\“新建”命令，设置“宽度”为“1600 像素”，“高度”为“800 像素”，“分辨率”为“300 像素 / 英寸”，“颜色模式”为“RGB 颜色”。

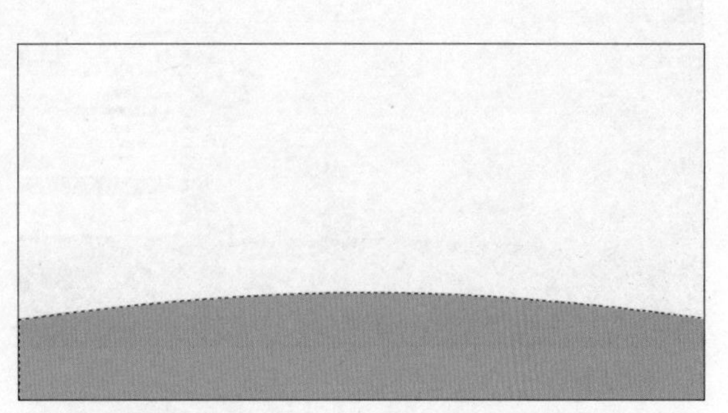

02 **绘制地面** 新建图层，用“钢笔工具”绘制一个弧形，闭合路径，按Ctrl+Enter 快捷键，转换为选区，填充颜色值为（R：185，G：185，B：185）的灰色，按 Ctrl+D 快捷键取消选区。

03 **添加地面材质** 将“背景材质.jpg”拖入画布中，按住 Shift 键调整图片大小以适合画布。

04 选择材质图层，按住Ctrl键，单击“图层1”，载入地面选区，单击“添加矢量蒙版”按钮，设置混合模式为“叠加”。

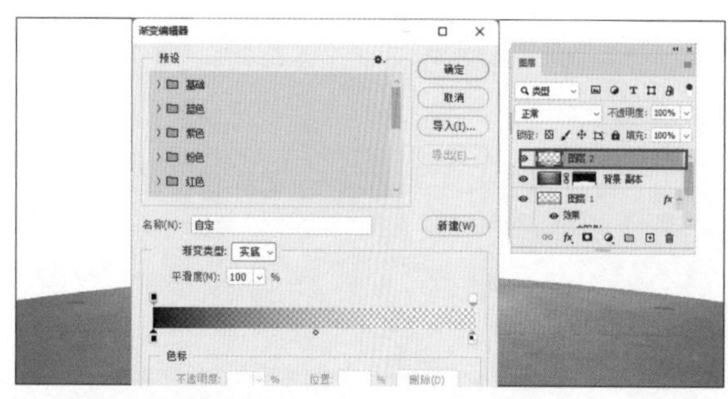

05 为地面添加聚光效果 新建图层，单击“渐变工具”，单击属性栏上的渐变条，选择黑 - 透明的渐变。

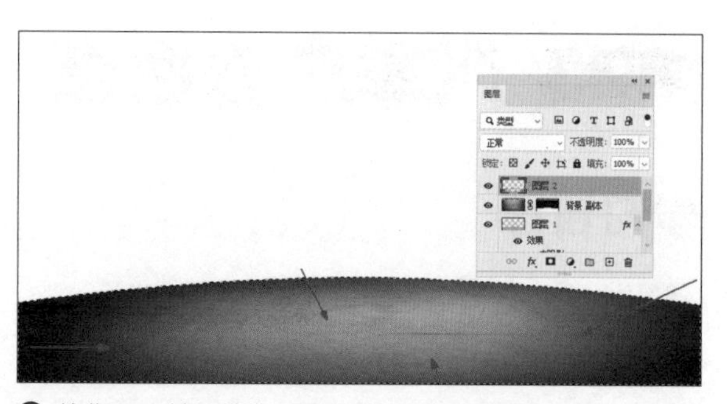

06 按住 Ctrl 键，单击“图层 1”，载入地面的选区，由外向内拖曳鼠标，制造中间亮、四周暗的聚光效果。

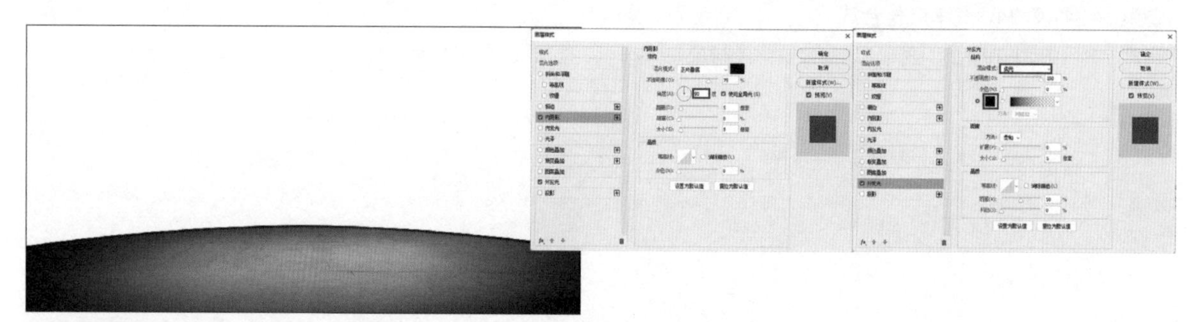

07 添加墙角线 选择“图层 1”，单击鼠标右键，在弹出菜单中选择“混合选项”命令。勾选“内阴影”复选框，设置“角度”为“90”。勾选“外发光”复选框，设置“混合模式”为“柔光”，填充色为黑色。

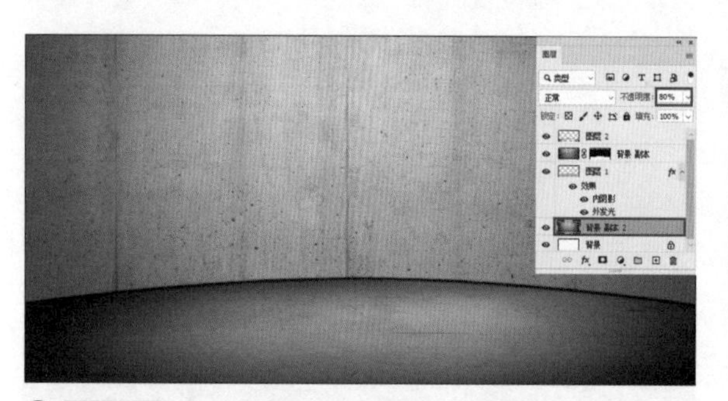

08 添加墙面 将“背景材质 .jpg”拖入画布中，按住 Shift 键调整大小以适合画布，将该图层放在“背景”图层上即可，单击鼠标右键，选择相应的命令栅格化图层，按 Ctrl+Shift+U 快捷键去色，“不透明度”设置为“80%”。

09 添加顶面 新建图层，用“钢笔工具”勾画出顶面，填充颜色值为（R：211，G：211，B：211）的灰色。

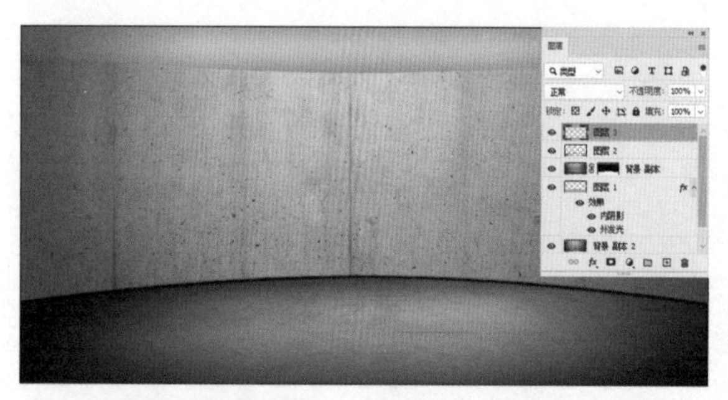

10 为顶面添加聚光效果 载入顶面选区，新建图层，选择“渐变工具”，由外向内拖曳鼠标，制造中间亮、四周暗的聚光效果。

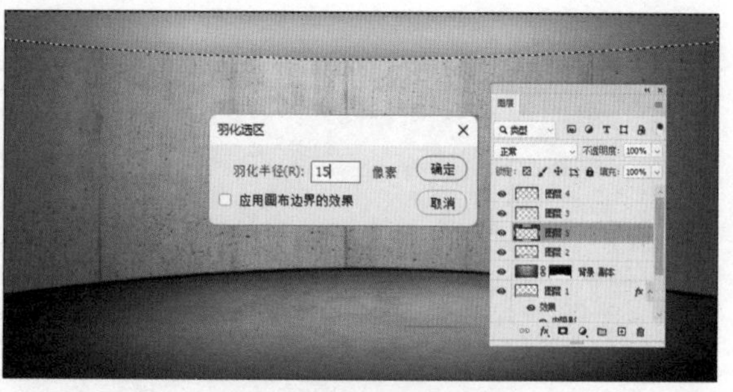

11 添加顶面和墙面斜街部分的阴影 载入顶面的选区，在顶面下方新建图层，“羽化半径”为“15 像素”。

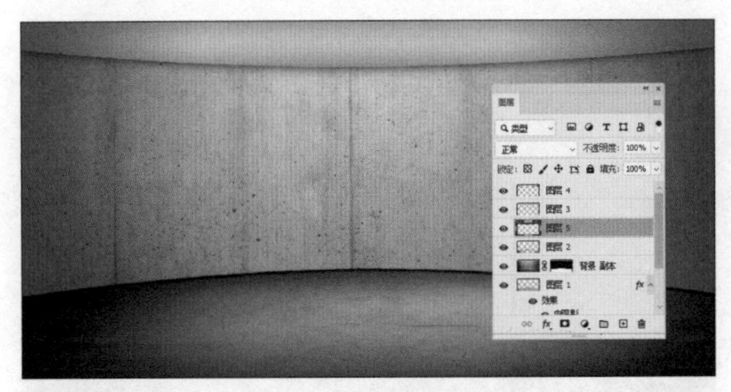

⑫ 填充黑色，用“移动工具”将阴影向上移动一些即可。

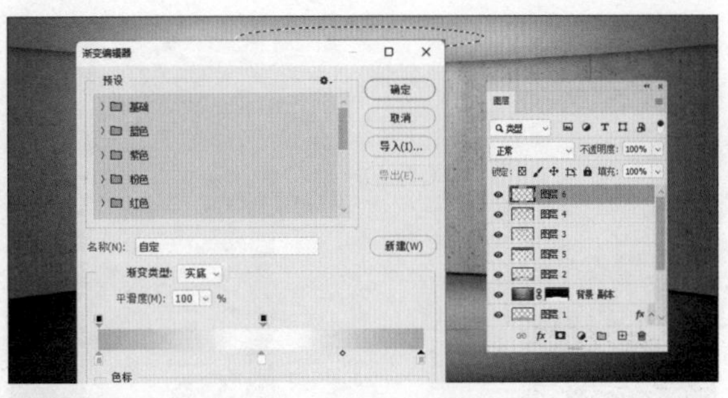

⑬ **添加灯** 用“椭圆选区工具”在顶面绘制一个椭圆形。新建图层，选择“渐变工具”，单击属性栏上的渐变条，设置灰－白－灰的渐变。

⑭ 填充渐变色，取消选区。选择“图层 1”，按住 Alt 键并用鼠标向上拖曳图层效果图标至“图层 6”，为灯添加效果。

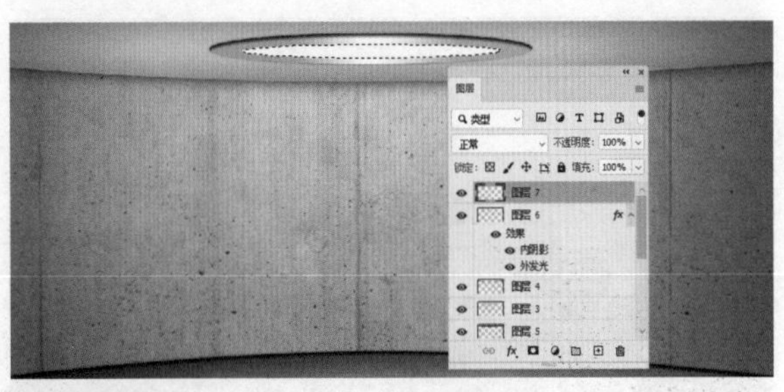

⑮ **绘制光线** 新建图层，用“椭圆选框工具”在椭圆形上绘制一个稍小的椭圆形，转换为选区，填充白色。

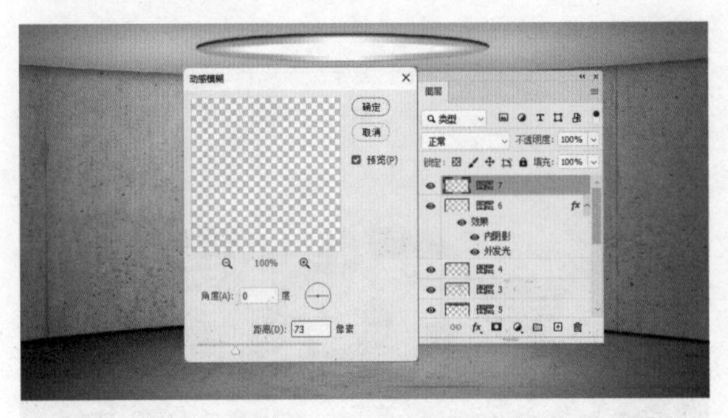

⑯ 执行“滤镜”\“模糊”\“动感模糊”菜单命令，设置“角度”为“0 度”，“距离”为“73 像素”。

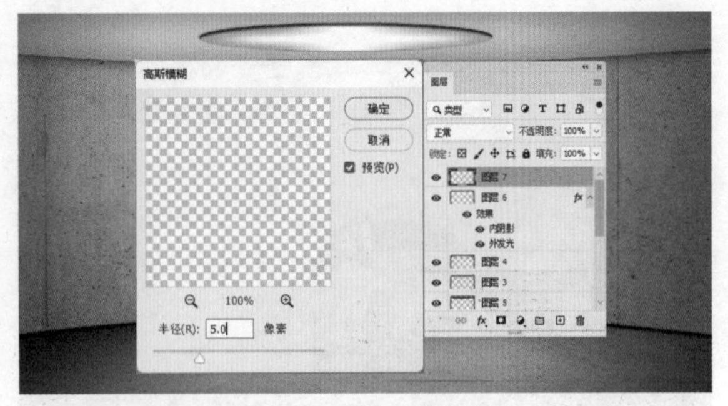

⑰ 执行“滤镜”\“模糊”\“高斯模糊”命令，设置“半径”为“5.0 像素”，模糊的效果让光线柔和。

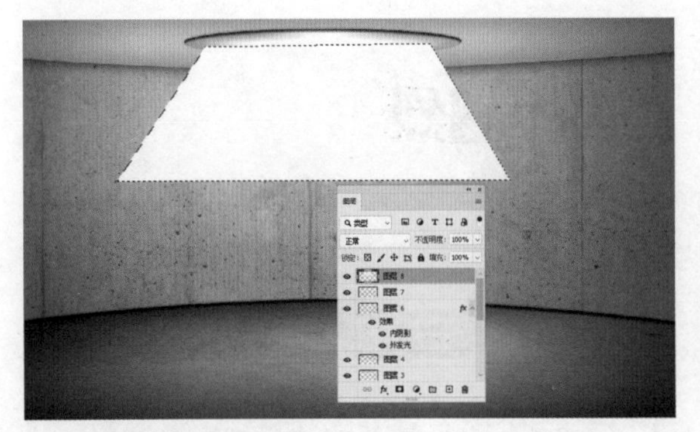

⑱ **绘制主光源** 新建图层，用“钢笔工具”在灯下绘制一个梯形，转换为选区，填充白色。

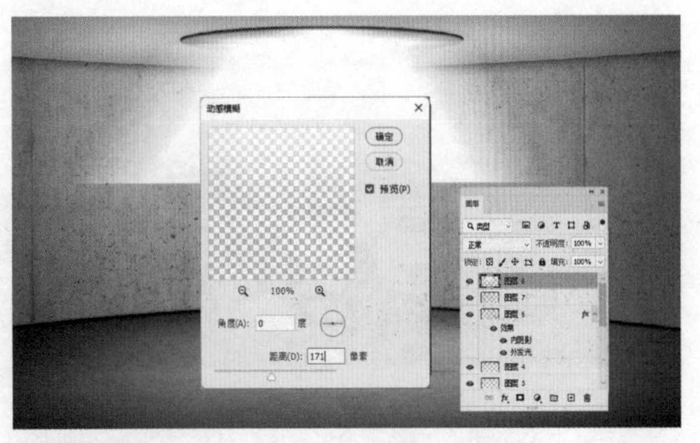

⑲ **柔和光源** 执行“滤镜”\“模糊”\“动感模糊”命令，设置“角度”为“0 度”，“距离”为“171 像素”。

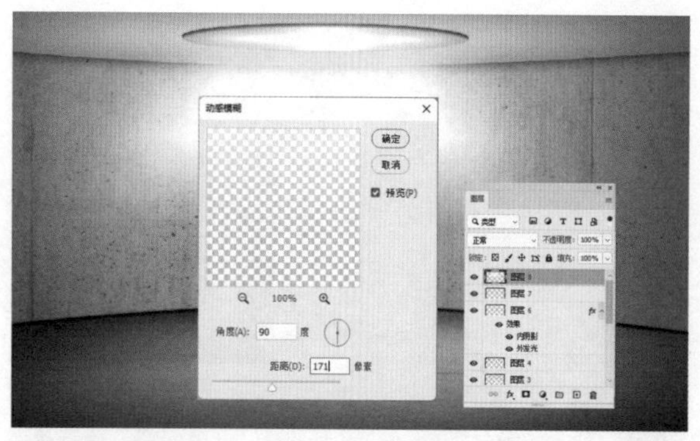

⑳ 执行“滤镜”\“模糊”\“动感模糊”菜单命令，设置“角度”为“90 度”，“距离”为“171 像素”。

㉑ 降低光源，将“不透明度”设置为“74%”，使灯光的效果看上去更自然。

㉒ 将“汽车 1.tif”和“汽车 2.tif”拖入到画布中，并调整好它们的大小及排放位置。

㉓ **添加汽车阴影** 在左边汽车的下方新建图层，用“钢笔工具”沿着车轮外勾勒路径，绘制出阴影区域，并转换为选区，填充黑色。

㉔ 执行“滤镜”\“模糊”\“高斯模糊”命令，设置“半径”为“3.4 像素”，模糊的效果让阴影柔和、自然。

㉕ 按照相同的方法，绘制另一辆车的阴影。

㉖ **添加文字** 选择“文字工具”，单击页面，插入文字光标，打开“文字.txt”文件，复制文字“越野越烈”，粘贴至 Photoshop 中，设置字体为“方正粗宋简体”，字号为“24 点”，字体颜色为黑色。

㉗ 按住 Shift 键，单击页面即可新建一个文字图层，复制“文字.txt”中的第 2 行文字，粘贴至 Photoshop 中，设置字体为“方中等线简体”，字号为“3.8 点”，字体颜色为白色。

㉘ 在第 2 行文字下方新建图层，用“矩形选框工具”拖曳出一个与文字等宽、等高的矩形框，填充灰色。用“文字工具”在页面中拖曳出一个文字框，复制“文字 .txt”中的第 3 段文字，粘贴至 Photoshop 中，执行“窗口”\“字符”命令，设置行距为“6 点”，“颜色”为黑色，段落对齐方式设置为“最后一行左对齐”。

㉙ 新建图层，用“矩形选框工具”在第 1 行和 2 行文字外拖曳出一个矩形框，执行“编辑”\“描边”命令，“宽度”设置为“1 像素”，“颜色”设置为白色。

㉚ 复制“文字 .txt”中的第 6 段文字，在 Photoshop 中，选择“文字工具”单击页面，粘贴文字，设置“行距”为“4 点”。

㉛ 新建图层，用“矩形选框工具”绘制矩形，在矩形内填充白色，图层的“不透明度”设置为“30%”。

㉜ 新建图层，执行“编辑”\“描边”命令，设置“宽度”为“1px”，“颜色”为白色。新建图层，选择“画笔工具”，画笔的“大小”为“1 像素”。设置前景色为黑色，用“钢笔工具”绘制斜线，单击鼠标右键，在弹出菜单中选择“描边路径”命令，“工具”为画笔，不勾选“模拟压力”选项。

㉝ 将剩下的两段文字分别复制到 Photoshop 中，复制已经做好的白色透明矩形框和线条，将它们分别放在两段文字的下方，用“自由变换”功能调整大小，以适合文字，则完成汽车场景合成的操作。

项目4 沙发广告合成

学习目标

掌握用选区、渐变制作沙发广告的合成海报的方法。

任务实施

视频：视频\模块4 合成\4沙发广告

素材：练习\模块4\项目4 沙发广告\沙发素材、沙发合成-文字

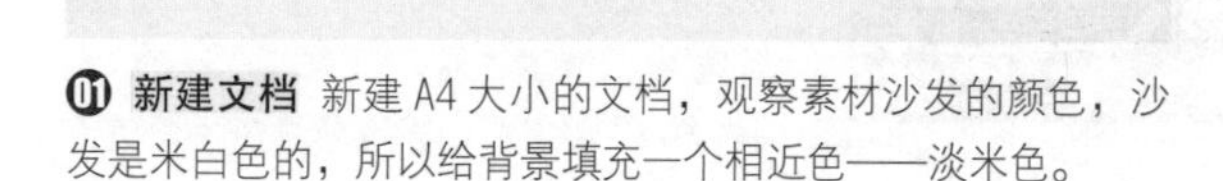

01 新建文档 新建 A4 大小的文档，观察素材沙发的颜色，沙发是米白色的，所以给背景填充一个相近色——淡米色。

02 置入沙发素材 导入沙发素材图片，用“自由变换”功能调整图片的位置、大小，并把沙发放到画面中心。大小不要太大，要为后续加入文字留下适当的空间。

提示

背景颜色要和主体颜色搭配，颜色不能和主体有很强的对比，但是也不能让主体和背景过于融合，无法区分。

03 制作空间背景环境 观察沙发的透视角度。以和沙发相同的倾斜度，用“多边形套索工具”绘制一个选区，选择画面的下半部分。选择“渐变工具”，设置黑到透明的渐变。新建一个图层，由上至下填充渐变色（该图层在沙发图层下面）。添加图层蒙版，由右至左做一个黑到白的渐变，让右边的颜色淡一些。

04 反选选区，再新建一个图层，做一个由下至上，由黑到透明的渐变。同样用蒙版让右边的颜色淡一些。这样就在画面里简单地制作出了空间感，区分出了地面和墙面。

⑤ 背景完成后的效果及其图层如图所示。

⑥ **制作阴影** 接着给沙发制作影子。这里要注意，沙发投射到墙面和地面的影子的角度是不一样的，所以要分成两个部分来绘制。新建一个图层，调出沙发图层的选区，用“吸管工具”吸取背景中最暗的颜色，用这个颜色填充选区。然后改变图层的叠加模式为“正片叠底”。把填充好的图像往左挪动一些，让影子出现在沙发的左边。注意图层的顺序，影子的图层要在沙发的图层下面。

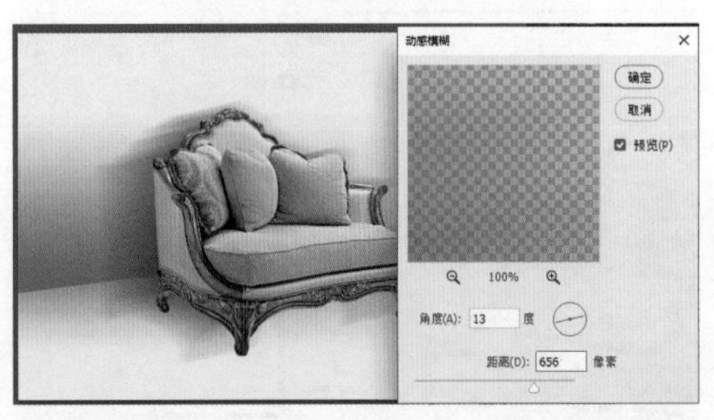

⑦ 执行“滤镜”\“模糊”\“动感模糊”命令，给影子的图层添加动感模糊效果。注意模糊角度要与之前画好的地面的倾斜度保持一致。

⑧ 执行“滤镜”\“模糊”\“高斯模糊”命令，让影子的整体边缘更加柔和。

⓽ 新建蒙版，把沙发右边多出来的黑色影子擦掉，这是因为光线从右边照射过来，沙发的右边肯定是完全没有影子的。

⓾ 绘制地面上的影子，用“钢笔工具”以沙发在地面上的 4 个脚作为矩形的四角来绘制一个矩形，并转换为选区，填充刚才吸取的颜色，设置叠加模式为“正片叠底”。

⓫ 为地面的影子添加动感模糊和高斯模糊。

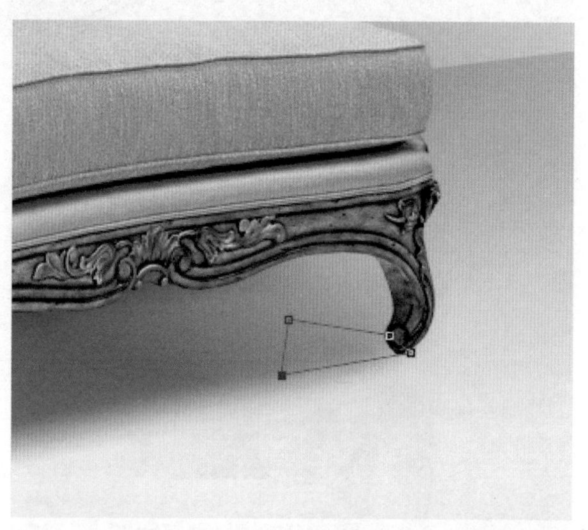

⓬ 大的影子画好了，但是感觉沙发还是飘在空中，因为沙发 4 个脚的影子还不够黑。用“钢笔工具”在沙发脚落地的地方画出影子的形状，然后填色，并添加动感模糊和高斯模糊。

⓭ 画好一个脚的影子后，将其复制到其他脚上。

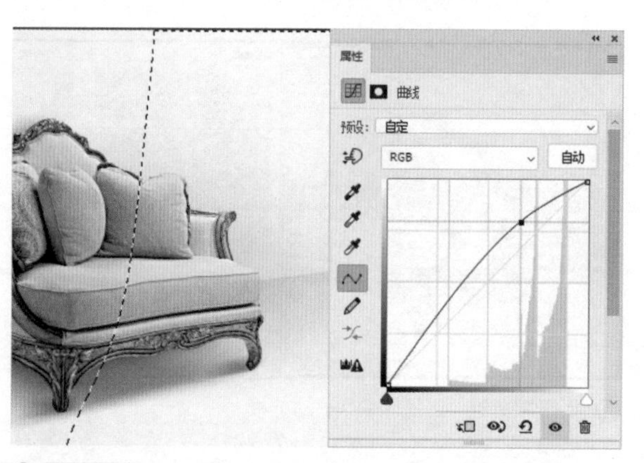

⓮ **添加光线** 用曲线调亮画面的右侧，增加画面的光感。

⑮ 这个案例主要用来训练在合成时，对光、影的把握能力。后面的多个案例都会涉及这项技术。在合成时，光影的处理是合成效果是否有真实感的重要条件之一。

⑯ 将“沙发合成－文字 .png”文件拖入到画布中，把沙发移至靠左的位置，避免遮挡文字，即沙发合成操作完毕。

项目5 房地产广告合成

学习目标

掌握用抠图、蒙版制作房地产广告的合成海报的方法。

任务实施

视频：视频\模块4 合成\5房地产广告合成

素材：练习\模块4\项目5 房地产广告合成\盘子、山水素材、树木素材、山素材、手素材、碎石素材、云素材

1. 做背景

01 新建文档 执行“文件”\“新建”命令，设置“宽度”为“40 厘米”，“高度”为“30 厘米”，“分辨率”为“300 像素 / 英寸”，本图最终要用于印刷。

02 天空背景 设置前景色为天蓝色，按 Alt+Delete 快捷键填充颜色。

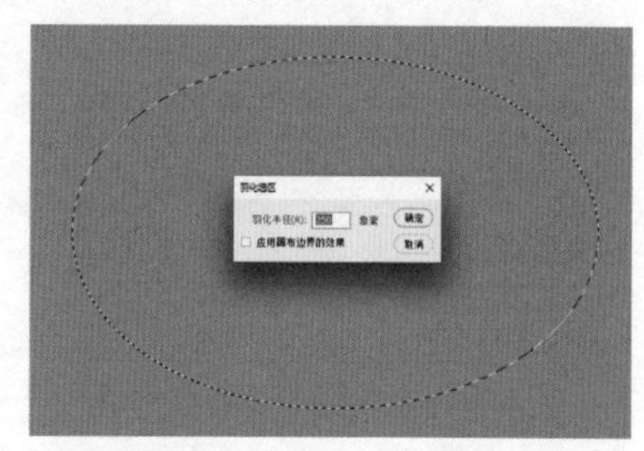

03 用“椭圆选框工具”在画面的中间绘制椭圆选框，设置“羽化半径”为“250 像素”。

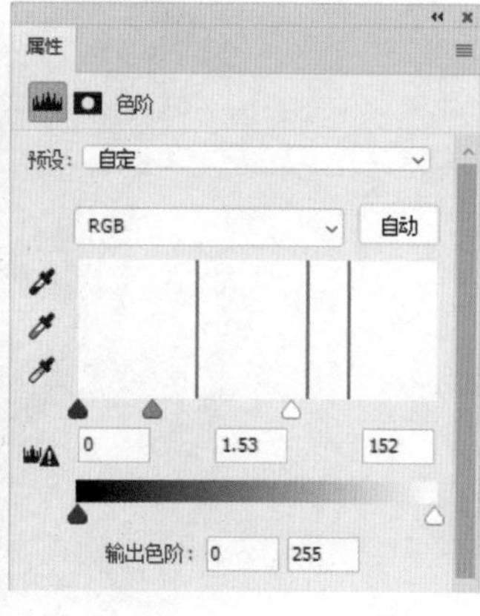

04 基于羽化后的椭圆选区建立色阶调整层，向左拖曳白色滑块和灰色滑块，使天空有明暗变化。

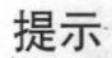

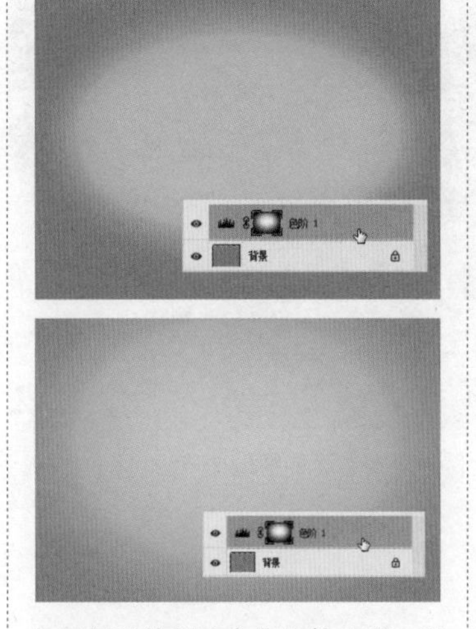

如果得到的明暗变化比较生硬，那是因为羽化半径的数值不够大，可以用高斯模糊调整层的蒙版，让天空的明暗变化更自然。在羽化时，进行多次羽化，也可以让过渡更自然。

05 设置前景色为黑色，在工具箱中选择“渐变工具”，设置黑到透明的渐变，新建图层并从底部拖曳鼠标添加渐变色，降低不透明度。这样可以让画面的下半部分暗一些，从而使整个天空背景更有层次。最后设置其混合模式为“颜色加深”，这样设置不会改变颜色，只会让图像变得暗一些。至此，天空背景完成。

2. 拼合山水素材

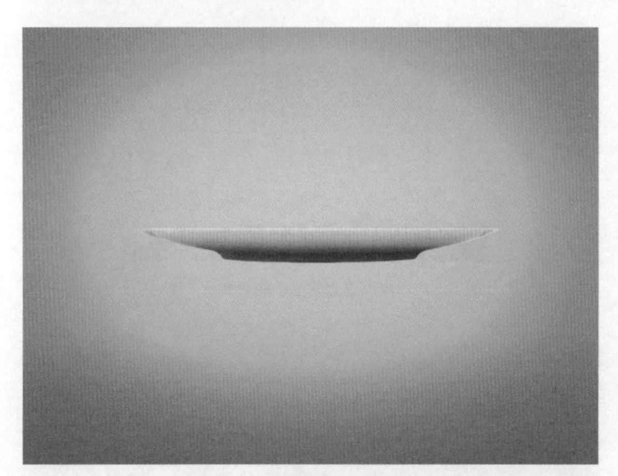

01 现在在背景中置入一个空盘子，这个空盘子不会出现在最终画面中，只用来观察置入素材的大小和位置是否合适。

02 **抠出山水** 打开 3 张山水素材，因为只需要山水，所以要把天空抠掉。这里不需要精细抠图，所以用“快速选择工具”进行选择。然后执行“选择并遮住”命令，在“属性”面板中增加“平滑”和“羽化”值，使选区更自然。

03 执行“选择”\“反向”命令，按 Ctrl+J 快捷键，将山水复制到新的图层中，这样一个山的素材就抠好了，用同样的方法抠出其他两个素材山水。

04 抠出所需的山水素材并复制到新的图层中。

05 抠出所需的山水素材并复制到新的图层中。

06 **置入山水并调整** 将抠好的山水素材置入到背景中，并调整素材的位置和大小。

07 **用蒙版拼图** 分别为 3 个山水素材添加图层蒙版，并用黑色、白色的画笔在图片衔接处的蒙版上涂抹，将 3 张图片拼合成一张图。

3. 添加树木素材

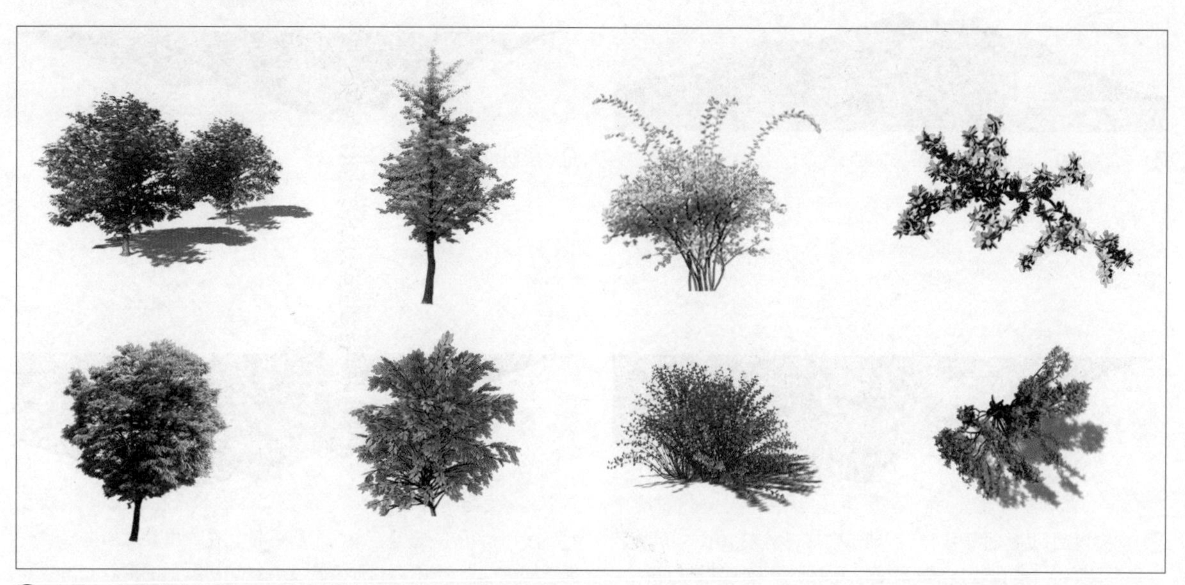

01 在练习文件夹中找到这些树木素材，并将它们与背景分离开。

02 这些树主要有两个作用，即丰富场景内容和遮挡衔接不自然的地方。

提示

为了方便录制教学视频，视频中的树素材都是抠好的，但本书练习素材所提供的树木是未抠图的，需要读者自行抠图后使用。

4. 添加下方的山素材

01 打开山素材，依然是用“快速选择工具”抠天空。

02 反选选区后，按 Ctrl+J 快捷键，将天空之外的部分复制到新的图层中。

03 切除下边的地面，只保留山体部分。

04 按 Ctrl+T 快捷键，单击鼠标右键，在弹出的菜单中选择“垂直翻转”命令。

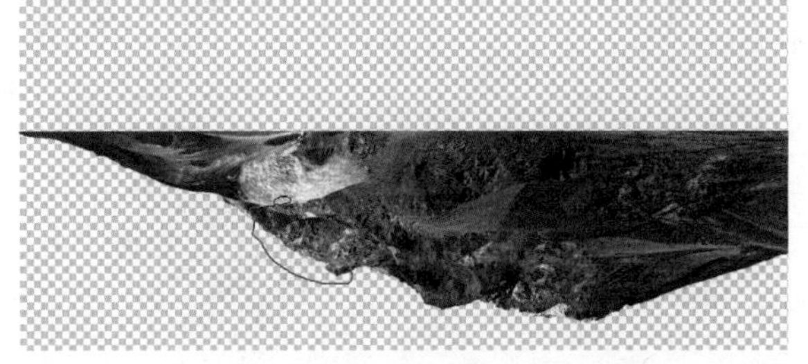

05 切完以后，边缘过于平整，不利于合成，所以在山体上用“套索工具”框选一些比较自然的边缘，复制到平整区域进行拼贴。

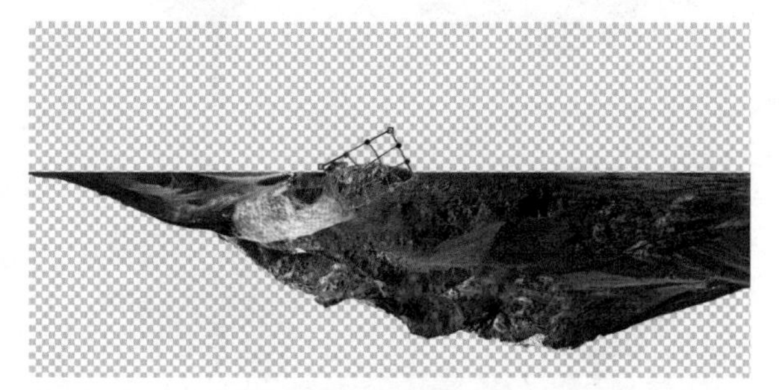

06 按 Ctrl+T 快捷键，单击鼠标右键，在弹出菜单中选择“变形”命令，根据山体材质及形状，微调拼贴后的形状。

07 拼贴完成后的效果如图所示。拼贴时尽量不要选择一样的区域，否则会让拼贴结果很死板。

08 将山体素材置入到背景中并用“自由变换”命令，调整至合适的大小。调整部分树木图层至山的前面，这样使效果看起来更真实。

09 添加蒙版，擦除多出来的部分以及拼合后一些有瑕疵的部分。

⑩ 新建图层，用低透明度画笔在山体上涂抹，为山体添加阴影，然后为其设置“正片叠底”。

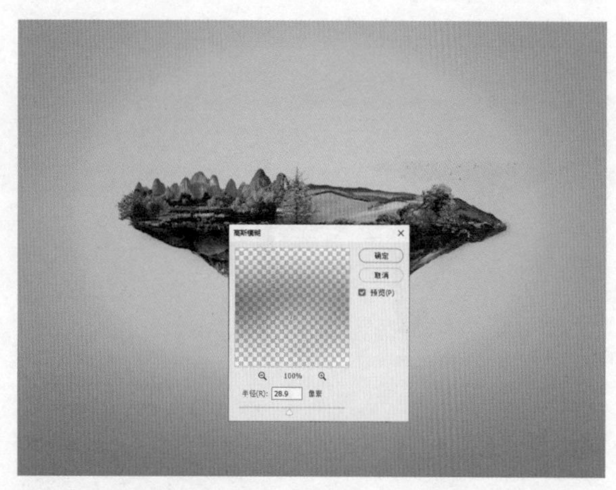

⑪ 如果觉得涂抹得不自然，可使用“高斯模糊”对阴影进行模糊，效果会更加真实。

5. 添加手素材

01 打开手素材。

02 将手素材抠出来。

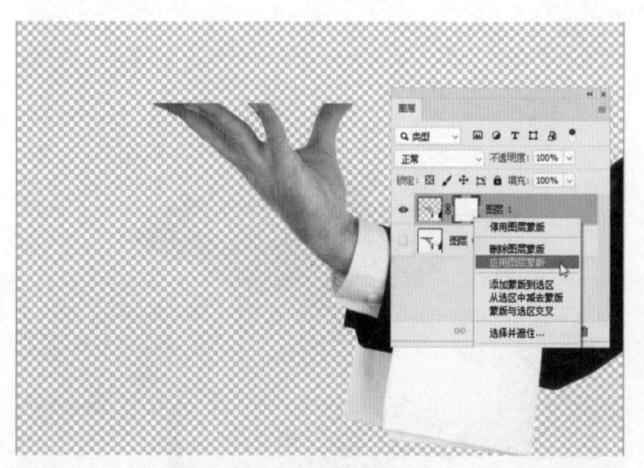

03 将手素材抠好后，可以单击添加矢量蒙版，然后在添加的矢量蒙版上单击鼠标右键，在弹出的菜单中选择“应用图层蒙版”命令去除多余内容。

04 将手素材置入到背景中。

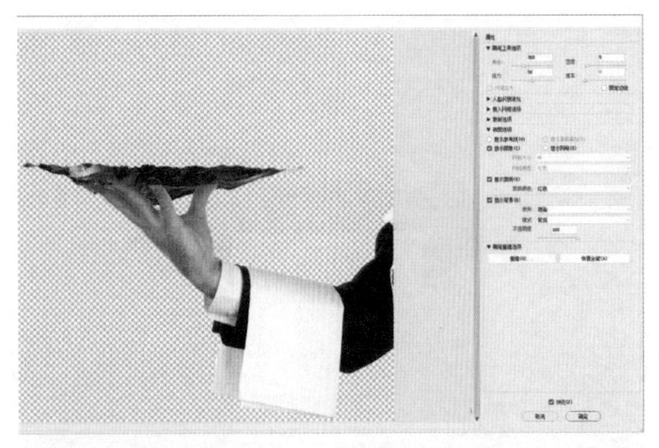

05 执行“滤镜”\“液化”命令，让手素材与山体融合。

06 用“加深工具”在手和山体衔接的部分涂抹，这样能让它们结合得更真实。同时新建一个图层，用黑色画笔绘制阴影。

6. 添加碎石和云彩

01 添加碎石素材，并用蒙版擦除穿帮的小细节。

02 置入云彩素材，调整其大小和位置。

7. 添加暗角

01 用“椭圆选框工具”绘制椭圆选区，将“羽化半径”设置为“250 像素”，多次羽化，使选区边缘足够柔和。

02 执行“选择”\“反选”命令，选中周围部分。

03 新建曲线调整层，将图片压暗。

04 最终合成效果如图所示。

05 在排版软件中添加文案内容，使合成的图片成为最终商业作品。

项目6 快餐食品广告合成

学习目标

掌握用调整图层、曲线制作快餐食品广告的合成海报的方法。

任务实施

视频：视频\模块4 合成\6快餐食品广告合成

素材：练习\模块4\项目6 快餐食品广告合成\桌布、鸡腿、黑椒猪排、炸鸡排、甜点、文字

本例主要讲解的是快餐食品广告的合成，我们需要把几个不同的食品展示在一个页面中。因为食品素材都是单独拍摄的，所以要将这些食品素材褪底，然后放在搭建好的桌面背景上，从而完成这个广告合成的制作。

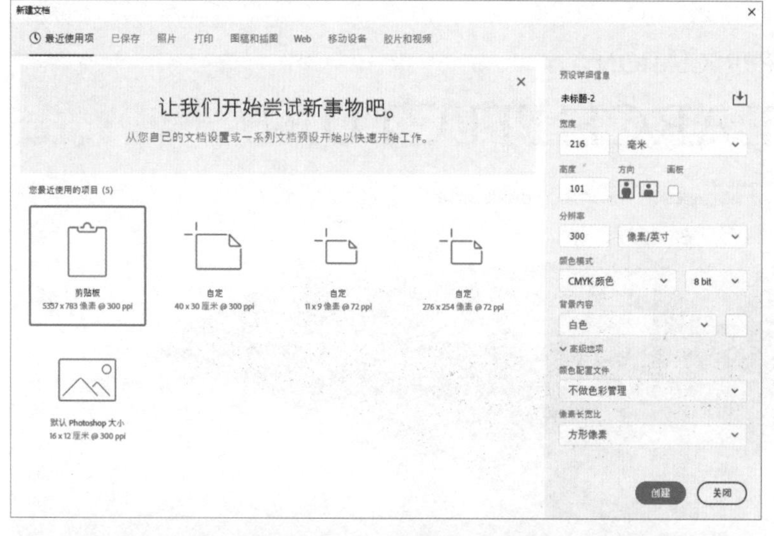

❶ 执行“文件”\“新建”命令，设置“宽度”为“216 毫米”，“高度”为“101 毫米”，“分辨率”为“300 像素 / 英寸”，“颜色模式”为“CMYK 颜色”，这个合成广告是一张宣传单页，用于印刷。

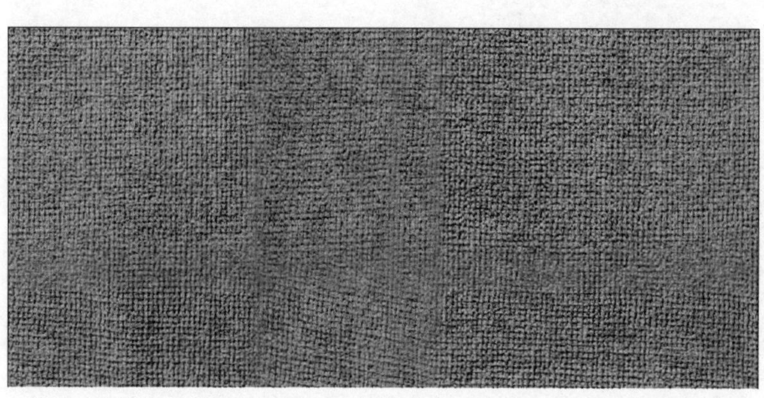

❷ 将“桌布 .jpg”拖曳到画布中。

03 选择“缩放工具”，按住 Alt 键单击画布将其缩小。按 Ctrl+T 快捷键，单击鼠标右键，在弹出菜单中选择“透视”。

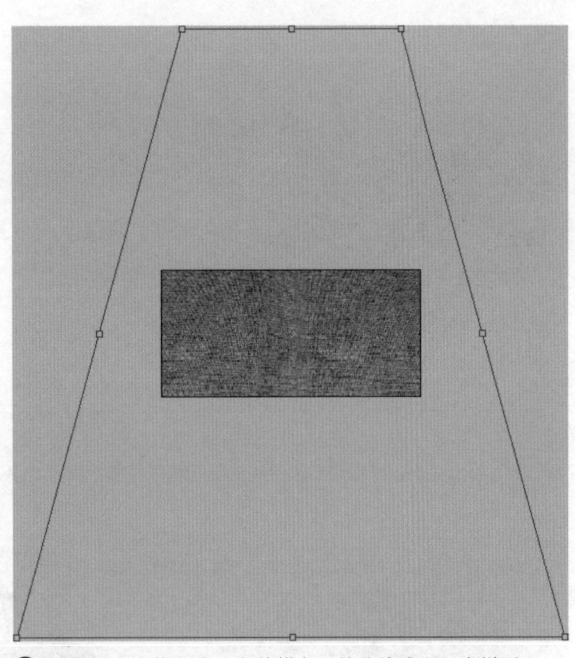

04 用鼠标向左拖曳右上角的锚点，使曲线成为一个梯形。

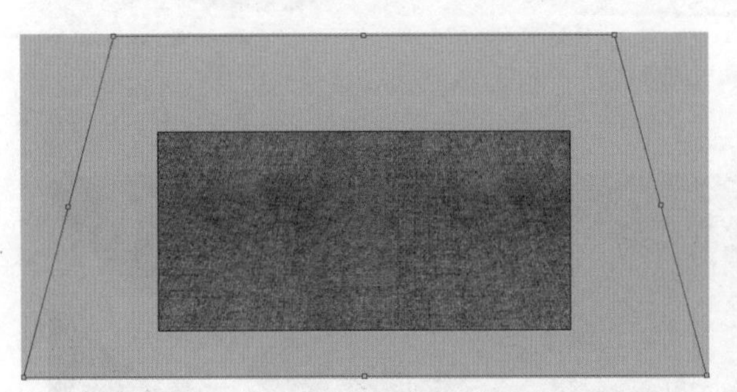

05 单击鼠标右键，在弹出菜单中选择“自由变换”命令，用鼠标上下拖曳中间的锚点，把梯形曲线压扁。

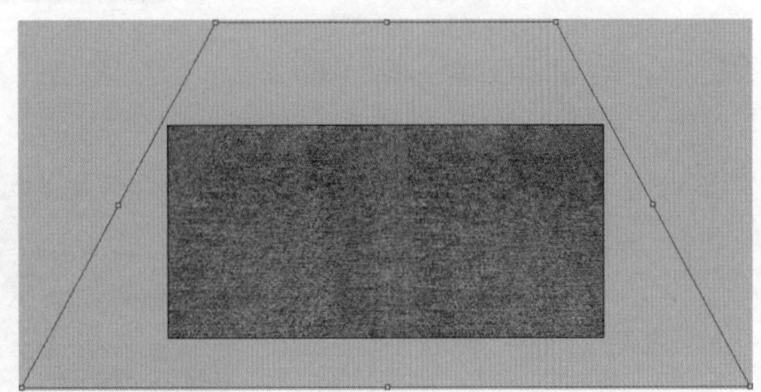

06 单击鼠标右键，在弹出菜单中选择“透视”命令，用鼠标向左拖曳右上角的锚点，通过变换调整功能拉伸锚点，使桌布有纵深的效果。

07 调整桌布后的效果如图所示。

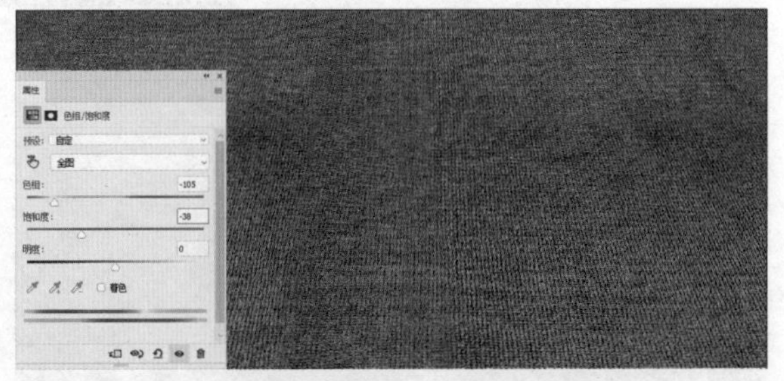

08 **调整桌布颜色** 单击“图层”面板的“创建新的填充或调整图层”按钮，在弹出菜单中选择“色相 / 饱和度”命令，设置“色相”为“-105”，“饱和度”为“-38”，暖色的背景容易让人更有食欲。

⑨ 打开“鸡腿.tif”，按 Ctrl+J 快捷键，复制图层，用“钢笔工具”勾出盘子，想要勾出圆滑的盘子，就应尽量减少锚点。

⑩ 按 Ctrl+Enter 快捷键，载入选区，单击“添加矢量蒙版”按钮，即可褪底。

⑪ 按照上两步的方法，将“黑椒猪排.tif”、“炸鸡排.tif”和“甜点.tif”依次褪底。

提示

要检查图片是否抠干净，可以在蒙版图层下方新建一个图层，因为盘子是白色的，可以填充黑色，放大图片，查看盘子的边缘是否抠干净。

⑫ 把抠好的食物素材摆放到桌布中，按 Ctrl+T 快捷键，再按住 Shift 键，调整食物素材的大小。

⑬ 摆放食物时，要注意近大远小的透视关系，同时也要注意前后的遮挡关系，通过“图层”面板即可调整它们的叠放顺序。

⑭ 为食物添加投影 在食物图层旁单击鼠标右键，在弹出的菜单中选择“混合选项”命令。

⑮ 勾选“投影”复选框，设置“角度”为“90 度”，“距离”为“30 像素”，“大小”为“25 像素”，假设光源在正上方，阴影则投射在盘子的边缘，阴影的范围不宜过大，稍微黑一些会更有着地感。

⑯ 投影设置完成后，按住 Alt 键，将图层旁的“效果”图标拖曳至其他食物图层，即能在其他图层应用相同的投影设置。

⑰ 给桌布添加光影，让画面层次更丰富 在画面中间，用“椭圆选框工具”拖曳出一个椭圆选区。

⑱ 单击鼠标右键，在弹出菜单中选择“羽化”命令，设置“羽化半径”为“250 像素”。

⑲ 在色相 / 饱和度调整层上方，新建曲线调整层，单击“创建新的填充或调整图层”按钮，在弹出菜单中选择“曲线”命令，将曲线向下拖曳即可调亮。

⑳ **制作暗角** 在画面中间，用“椭圆选框工具”拖曳出一个椭圆选区，单击鼠标右键，在弹出菜单中选择“羽化”命令，设置“羽化半径”为“250 像素”，按住 Ctrl+Shift+I 快捷键，反向选择。

㉑ 单击“创建新的填充或调整图层”按钮，在弹出菜单中选择“曲线”命令，将曲线向上拖曳即可将图片调暗。

㉒ 在曲线调整层的上方新建图层，用“渐变工具”由右上至左下拖曳出黑 - 透明渐变。

㉓ 按 Ctrl+T 快捷键，拖曳锚点，调整渐变的大小。

㉔ 降低图层的“不透明度”为“70%”，让右上角暗下去，又不至于漆黑一片。

㉕ 将“文字 .tif”拖入到画布中，即完成快餐食品广告的合成。

调色总结

1.拿到素材后通常要考虑的问题

（1）它需要怎么设计？需要怎么操作？需要调整哪些参数？

（2）你希望它更新奇一些，还是更丰富一些？

2.拿到素材通常要做的简单工作

（1）抠图；

（2）使用透视；

（3）调整色调；

（4）添加光影。

3.一些技巧

（1）养成好的习惯，先按Ctrl+J快捷键复制图层，再处理照片；

（2）想好你要做什么，然后再做；

（3）调色调时，要与原素材对比来确认调整效果；

（4）新建文件和图层时，要养成起好名字的好习惯。

作业

失衡的世界

自行寻找素材完成图片的合成。

核心知识点：自由变换、构图和调色等。

尺寸：自定。

颜色模式：RGB色彩模式。

分辨率：72ppi。

作业要求：

（1）自行搜集素材，提升搜集素材的能力；

（2）熟练掌握自由变换、构图和调色等功能的使用；

（3）需保存为JPG格式的文件。

参考范例

模块5 特效

用Photoshop做特效是很多Photoshop爱好者非常热衷的一件事，为图片添加特效，能起到画龙点睛的效果。掌握一些简单、实用的特效制作方法，对于平面设计师来说非常必要。

项目1 认识特效

使用Photoshop可以制作出许多种特效，能给文字、背景和人像做出不同的材质和效果。在设计过程中，特效是很重要的一步，可以给画面增加质感和强化风格。

在使用Photoshop制作特效时，很多要点与制作合成是相同的，比如需要调整光影、注意构图、遵循近大远小的原则等。

通过调整参数、滤镜和混合模式等，可以制作出不同的质感。

通过调整画笔类型和笔刷类型等，可以制作出不同的裂纹效果。

通过钢笔工具、路径、混合模式和滤镜等，可以制作出不同效果的光影。

一张图片的真实度、质感和主题都可以通过特效来强化。Photoshop的功能很强大，能满足多种特效的制作，但特效技术中比较实用的还是材质、光影的表现。

项目2 文字特效

学习目标

选择一款中文字体作为基础字体，然后用笔刷做出边缘碎裂的效果，这是既简单又实用的文字特效。

任务实施

视频：视频\模块5\1文字特效
素材：练习\模块5\项目2 文字特效\敢死队2海报、裂缝笔刷

01 打开素材图片。

02 选择“文字工具”，输入“敢死队”，执行“窗口”\“字符”命令，设置字体为“方正超粗体_GBK”，字号为“250点”，字符间距为“100”，“颜色”为白色。

⓭ 单击工具箱中的任意一个工具，取消当前文字输入状态。选择“文字工具”，输入“2”，设置字体为“Arial Black”，字号为“300 点”，“水平缩放”为“90%”，“颜色”为（R：228，G：9，B：9）。

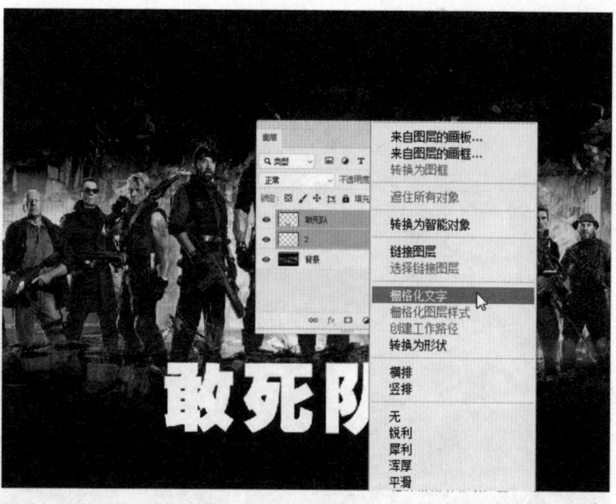

⓮ 选择两个文字层，单击鼠标右键，在弹出菜单中选择“栅格化文字”命令。

⓯ 在“敢死队”图层，单击“添加矢量蒙版”按钮，选择“画笔工具”，设置为 3 像素的硬角画笔，按 D 键复原前景色和背景色，在图层蒙版上用“画笔工具”沿着文字的笔画画出黑线。

⓰ **载入画笔** 执行“窗口”\“画笔”命令，单击右上角的按钮，在弹出菜单中选择“导入画笔”命令，选择路径“练习\模块 5\项目 2 文字特效\裂缝笔刷”中的笔刷文件。

⓱ 选择裂缝笔刷，在图层蒙版里用残破笔刷在文字上单击，切勿来回涂抹，一个地方用一个笔刷。

⓲ 为“2”图层添加图层蒙版，用 3 像素的硬角画笔在文字中间画条黑线。

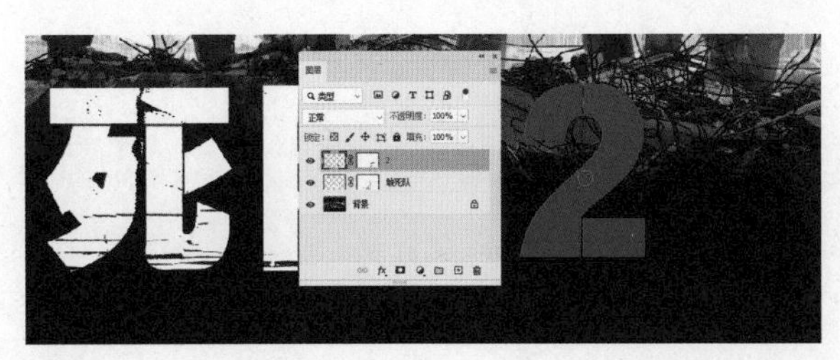

⑨ 按 X 键，调换前景色和背景色，在“2”的图层蒙版中将中间一段的黑线擦除。

⑩ 选择裂缝笔刷，在图层蒙版里用残破笔刷在文字上单击。

⑪ 选择“文字工具”，输入“THE EXPENDABLES 2”，设置字体为“Arial Black”，字号为“86 点”，字符间距为“100”，水平缩放为“90%”，“颜色”为白色。

⑫ 栅格化文字，添加图层蒙版，在图层蒙版上用 3 像素的硬角画笔沿着文字笔画画出黑线。

⑬ 选择裂缝笔刷，在图层蒙版里用残破笔刷在文字上单击，即完成文字特效的操作。

项目3 炫光特效

学习目标

掌握用“画笔工具”制作炫光特效的方法。

任务实施

视频：视频\模块5\2炫光特效
素材：练习\模块5\项目3 炫光特效\女生素材

01 打开素材图片。

⓶ **制作炫光** 新建图层，选择“画笔工具”，设置画笔的“大小”为“30 像素”，“硬度”为“10%”，前景色为白色。

⓷ 用“钢笔工具”围绕人物画曲线路径，不闭合路径。

⓸ 单击鼠标右键，在弹出菜单中选择“描边路径”命令。

⓹ 将“工具”设置为“画笔”，勾选“模拟压力”选项。单击“确定”按钮，添加图层蒙版，擦除部分炫光，使曲线有环绕人物的效果。

⓺ **设置图层混合选项** 选择“图层 1”，单击鼠标右键，在弹出菜单中选择“混合选项”命令，勾选“投影”，设置“混合模式”为“颜色减淡”，颜色为黄色，“距离”为“18 像素”，“大小”为“122 像素”。

⑦ 勾选“外发光”，设置“混合模式”为“叠加”，“不透明度”为“38%”，“大小”为“24”。

⑧ 按 Ctrl+J 快捷键复制图层，共复制 3 次。用“选择工具”移动各图层的炫光，使其有交错的效果。

⑨ **设置点光画笔** 打开“画笔设置”面板，设置画笔的“硬度”为“0%”，“间距”为“153%”，勾选“散布”，“数量”设置为“1”。

⑩ 新建图层，用“画笔工具”在人物部分画出点光，设置图层的“混合模式”为“叠加”。

⑪ 按 Ctrl+J 快捷键复制图层，共复制 2 次，加强点光效果，即完成炫光合成的操作。

项目4 风景如画

学习目标

掌握用图层蒙版和“画笔工具”制作画笔笔触的边框效果的方法。

任务实施

视频：视频\模块5\3风景如画

素材：练习\模块5\项目4 风景如画\风景、画笔、文字

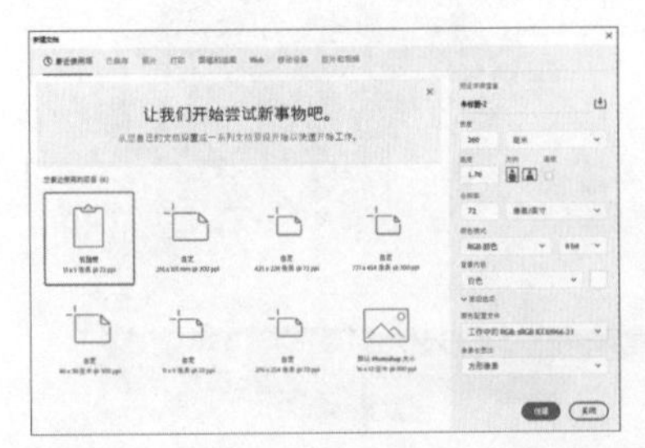

01 执行“文件”\“新建”命令，设置“宽度”为“260毫米”，“高度”为“185毫米”，“颜色模式”为“RGB颜色”。

02 将“风景.jpg”拖入画布中，按住Shift键用鼠标调整图片大小。

03 选择风景层，单击鼠标右键，在弹出菜单中选择“栅格化图层”命令。

04 单击“添加矢量蒙版”按钮。

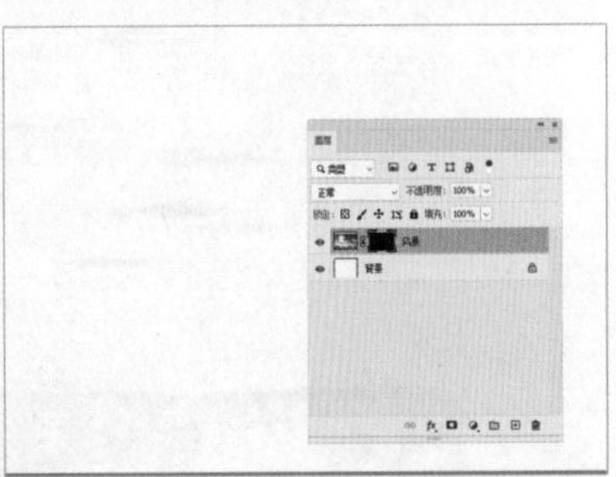

05 为图层蒙版填充黑色，让风景图片暂时不显示。

⓰ 打开“画笔”面板，单击右上角的按钮，在弹出菜单中选择“导入画笔”命令，导入“油画笔刷 .abr”。

⓱ 选择“画笔工具”，选择油画笔刷，设置前景色为白色，在图层蒙版中涂抹，之前隐藏的图片就会显示出来。

⓲ 在涂抹时，不要把图片完全显示出来，留一些边缘部分做画笔涂抹效果，用不同的油画笔刷在边缘部分单击，或通过“窗口”\“画笔”命令，调整笔刷的角度后涂抹，使效果更自然。

⓳ 涂抹完成的效果如图所示。

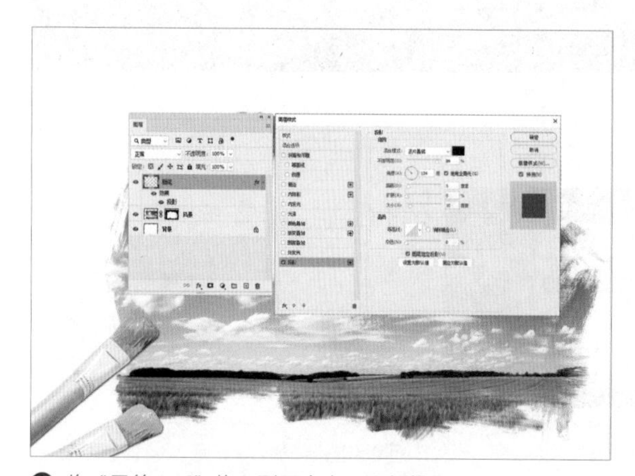

⓴ 将“画笔 .tif”拖入到画布中，添加投影。

⓫ 将“文字 .tif”拖入到画布中，即完成操作。

项目5 布纹背景

学习目标

掌握用滤镜制作布纹背景特效的方法。

任务实施

视频：视频\模块5\4布纹背景

01 新建一个方形空白文档。

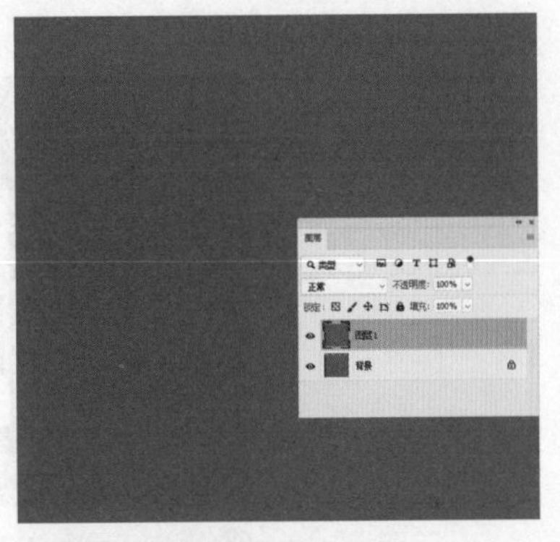

02 填充任意颜色并复制图层。

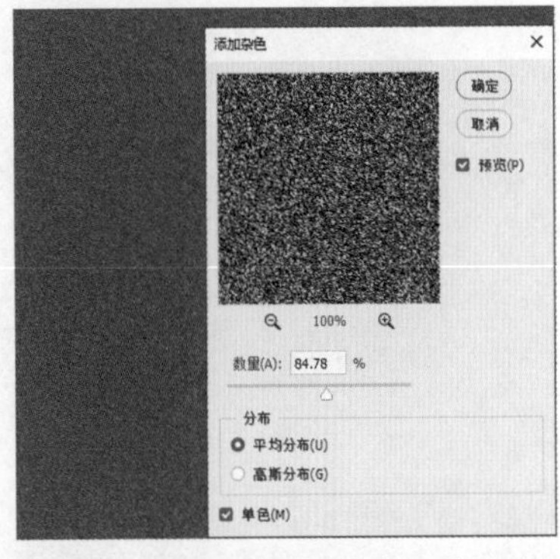

03 执行“滤镜”\“杂色”\“添加杂色”命令，设置参数后单击“确定”按钮。

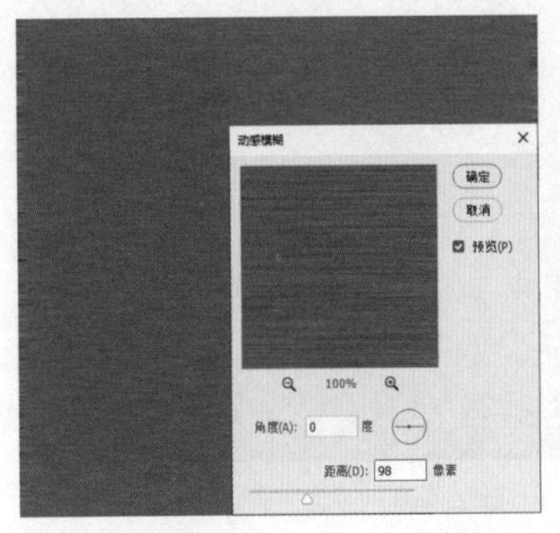

04 执行“滤镜”\“模糊”\“动感模糊”命令，设置参数后单击“确定”按钮。

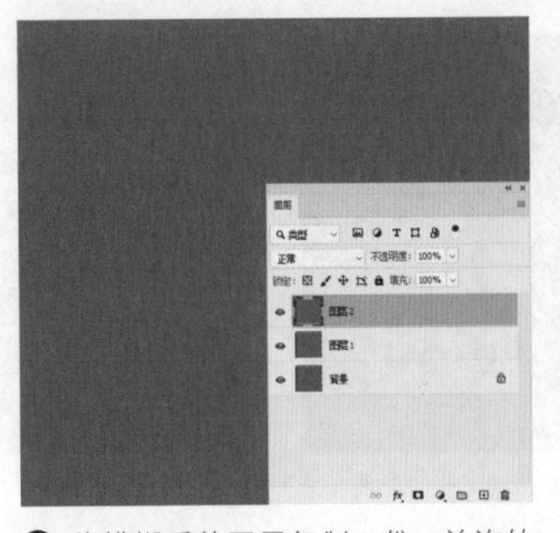

05 将模糊后的图层复制一份，并旋转90°。

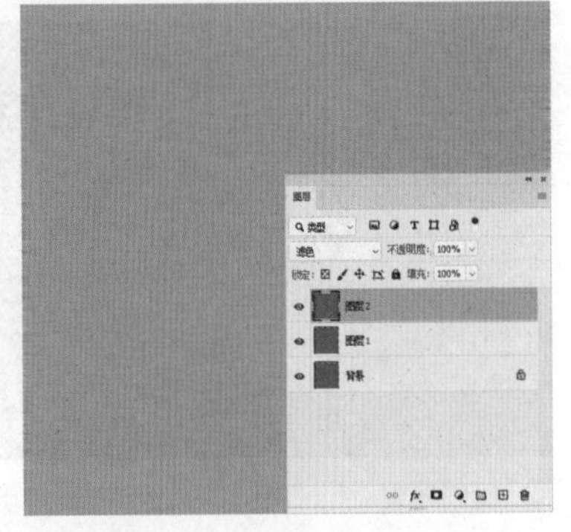

06 旋转后的图层的混合模式改为“滤色”，即可出现布纹效果。

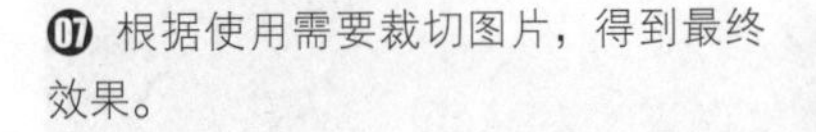

07 根据使用需要裁切图片，得到最终效果。

项目6 光影特效

学习目标

掌握用渐变、滤镜、透视和蒙版等制作光影特效的方法。

任务实施

视频：视频\模块5\5光影特效

素材：练习\模块5\项目6 光影特效\汽车、文字

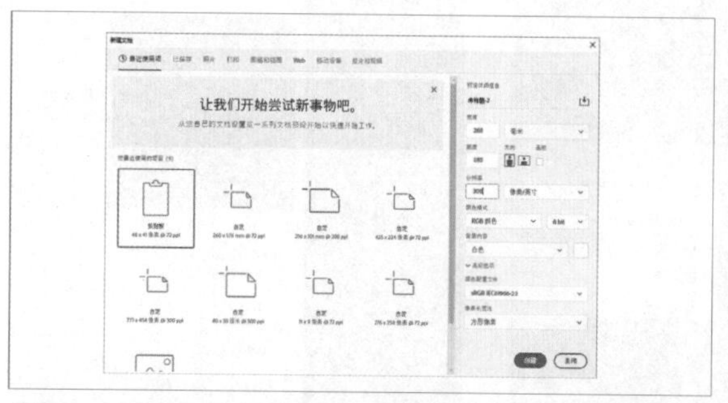

01 执行“文件”\“新建”命令，设置“宽度”为“260 毫米”，“高度”为“185 毫米”，“分辨率”为“300 像素 / 英寸”，“颜色模式”为“RGB 颜色”。

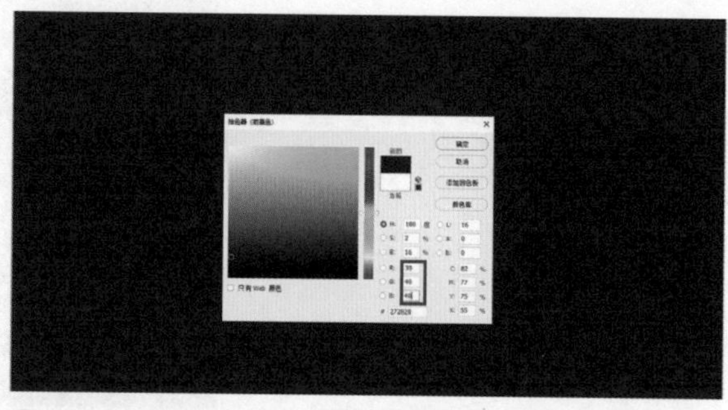

02 双击工具箱中的前景色图标，设置颜色值为（R：39，G：40，B：40），按 Alt+Backspace 快捷键，填充前景色。

03 **制作光束** 新建图层，用“矩形选框工具”拖曳出一个矩形。

04 用“渐变工具”由上至下拖曳一个白 - 透明的渐变。

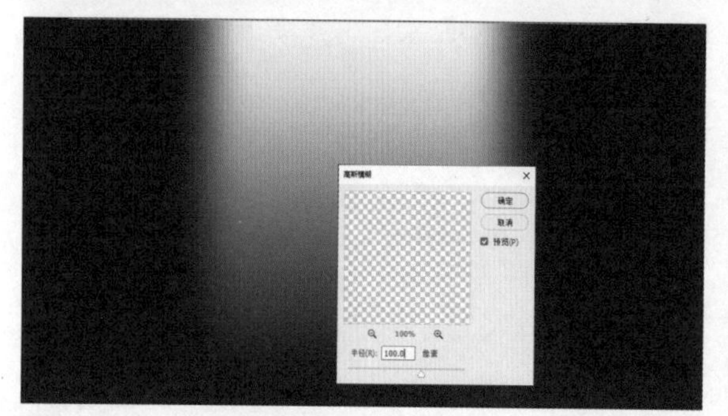

05 按 Ctrl+D 快捷键，取消选区，执行“滤镜”\“模糊”\“高斯模糊”命令，设置“半径”为“100 像素”。

06 按 Ctrl+T 快捷键，单击鼠标右键，在弹出菜单中选择“透视”命令，分别拖曳上下锚点，使曲线成为梯形。

⓻ 新建图层，用“矩形选框工具”拖曳出一个矩形，用“渐变工具”由上至下拖曳白－透明的渐变。

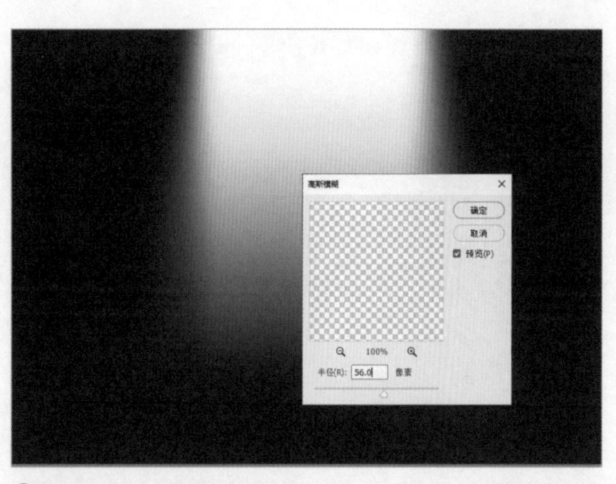

⓼ 按 Ctrl+D 快捷键，取消选区，执行“滤镜”\“模糊”\“高斯模糊”菜单命令，设置“半径”为“56 像素”。

⓽ 按 Ctrl+T 快捷键，单击鼠标右键，在弹出菜单中选择“透视”命令，分别拖曳上下锚点，使曲线成为梯形。

⓾ 新建图层，用“矩形选框工具”拖曳出一个矩形，填充白色。

⑪ 按 Ctrl+D 快捷键，取消选区，执行“滤镜”\“模糊”\“高斯模糊”菜单命令，设置“半径”为“99 像素”。

⑫ 按 Ctrl+T 快捷键，单击鼠标右键，在弹出菜单中选择“透视”命令，分别拖曳上下锚点，使曲线成为梯形。

提示

3 层光束由大到小，高斯模糊的数值也由大到小，营造外扩散、内聚拢的光效，使光束的效果更逼真。

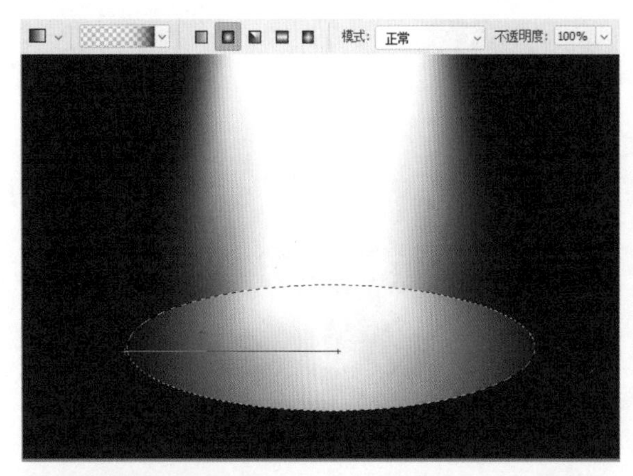

⓭ **制作地面上的光圈** 用“椭圆选框工具”拖曳出一个椭圆形，选择“渐变工具”，单击属性栏上的“径向”按钮，在椭圆形选区中由中心向左拖曳。

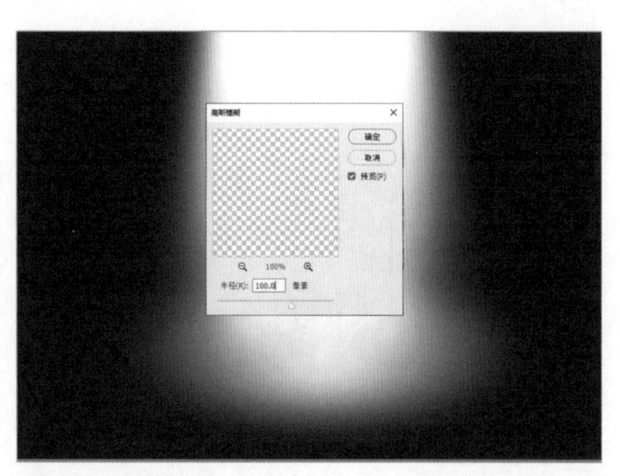

⓮ 按 Ctrl+D 快捷键，取消选区，执行“滤镜”\“模糊”\“高斯模糊”菜单命令，设置“半径”为“100 像素”。

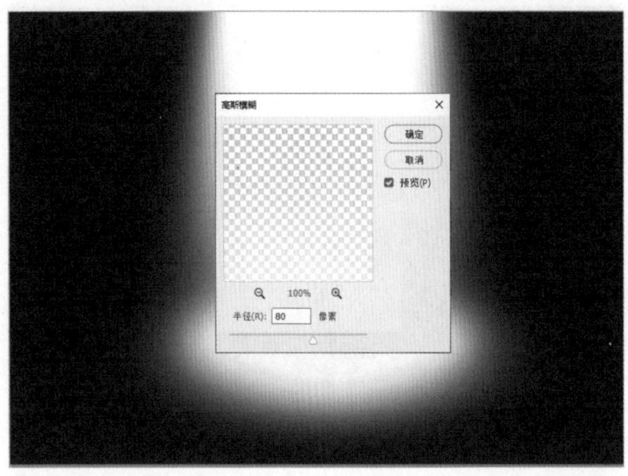

⓯ 用“椭圆选框工具”拖曳出一个椭圆形，选择“渐变工具”，在椭圆选区中由中心向左拖曳鼠标，按 Ctrl+D 快捷键，取消选区，执行“滤镜”\“模糊”\“高斯模糊”菜单命令，设置“半径”为“80 像素”。

⓰ 用“自由变换”功能分别调整各图层的光束大小和透视，使其投在地面上的效果更自然。调整完成后，按住 Shift 键选择光束图层，按 Ctrl+G 快捷键编组。

⓱ **抠汽车** 打开“汽车.tif”，用“钢笔工具”沿着汽车轮廓勾勒路径，闭合路径后，按 Ctrl+Enter 快捷键，载入选区，按 Ctrl+J 快捷键，复制图层。

⓲ 在图层旁单击鼠标右键，在弹出菜单中选择“复制图层”命令，目标文档选择正在制作的光效文件。回到当前制作的文件中，按 Ctrl+T 快捷键，进入自由变换状态，按住 Shift 键，用鼠标等比例缩小汽车。

⑲ **调整汽车透视** 按住 Ctrl 键，用鼠标分别拖曳 4 个锚点，调整汽车的透视效果，使其看上去像飘在空中。

⑳ **制作汽车投影** 用“钢笔工具”勾出一个不规则四边形。

㉑ 设置前景色为（R：39，G：40，B：40），选择“渐变工具”，在四边形中由左至右填充深色 - 透明的渐变。

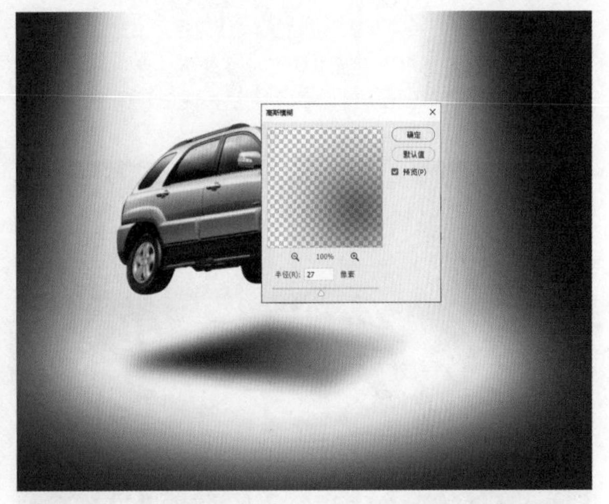

㉒ 按 Ctrl+D 快捷键，取消选区，执行“滤镜”\“模糊”\“高斯模糊”菜单命令，设置“半径”为“27 像素”。

㉓ 执行“窗口”\“路径”菜单命令，将“路径”面板中的路径拖曳至“创建新路径”按钮上，保存投影路径。

㉔ 按 Ctrl+Enter 快捷键，载入选区，选择“渐变工具”，按照图上箭头所示用鼠标拖曳。

㉕ 按 Ctrl+D 快捷键，取消选区，执行“滤镜”\“模糊”\“高斯模糊”菜单命令，设置“半径”为“23 像素”。

㉖ 降低图层的“不透明度”为“65%”。

提示

在制作汽车投影时，后面车轮离地面较近，所以投影较重，前面车轮离地面较远，所以在拖曳渐变时，只稍微加重两角的阴影即可，降低图层的不透明度后，使投影过渡自然。若觉得投影的边缘不够模糊，可以再进行高斯模糊，使其虚化。

㉗ **制作光线** 用“钢笔工具”勾勒光线。

㉘ 按 Ctrl+Enter 快捷键，载入选区，选择“渐变工具”，单击属性栏中的“线性渐变”按钮，按照图上所示拖曳出白－透明的渐变。

㉙ 按 Ctrl+D 快捷键，取消选区，执行“滤镜”\“模糊”\“高斯模糊”菜单命令，设置“半径”为“39 像素”。

㉚ 将制作好的光线按 Ctrl+J 快捷键，复制，按 Ctrl+T 快捷键，单击鼠标右键，在弹出菜单中选择“水平翻转”命令，并将复制后的光线移至右边。

㉛ 按照上一步的方法，复制光线，通过“自由变换”功能调整光线的大小、角度，并移动它们到合适的位置。

㉜ 按住 Shift 键选择光线图层和汽车图层，按 Ctrl+G 快捷键将它们编组，在图层组旁单击鼠标右键，在弹出菜单中选择“转换为智能对象”命令。

㉝ 新建曲线调整层，按住 Alt 键，用鼠标单击曲线调整层和光线图层的衔接处，使调整层只对光线图层起作用，将曲线向上拖曳，提亮光线。

㉞ 选择“画笔工具”，前景色为黑色，“不透明度”为“35%”，在选中光线图层蒙版的情况下，涂抹汽车未被光线照到的地方。

提示

如何修改转换为智能对象的图层组？双击该图层，则会弹出一个新文件，在文件中可以单独对编组内的图层进行修改，修改完成后保存并关闭，再回到当前制作中的文件即可。

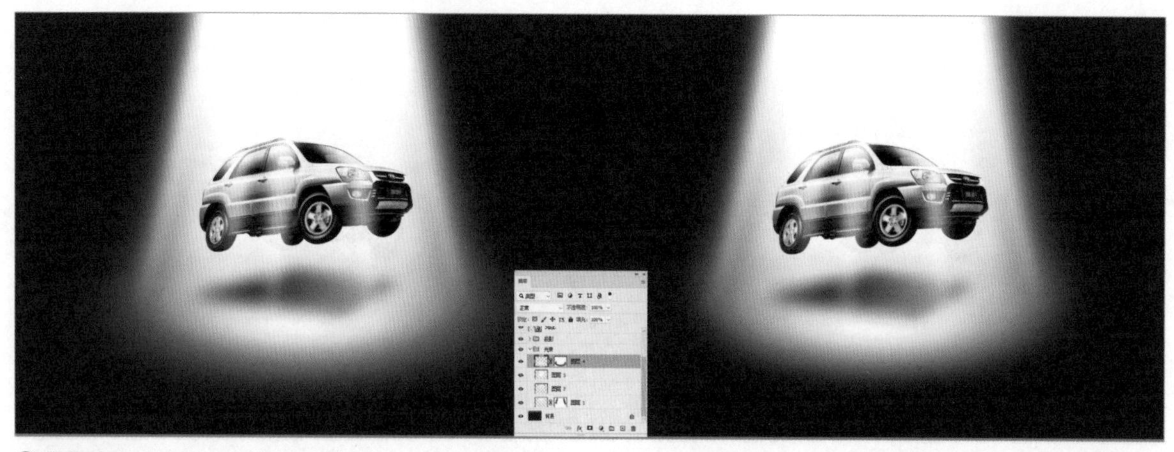

㉟ **修饰光束** 最下层的光束的扩散范围稍大，可以在该图层添加蒙版，用黑色画笔，降低不透明度进行涂抹，椭圆光圈也可使用相同方法进行修饰。

㊱ **完成效果** 将“文字 .tif”拖入到画面中，摆放其位置，即完成汽车的光影特效。

特效总结

1.拿到素材通常要想的问题

（1）它需要怎么设计？需要怎么操作？需要用到哪些工具？

（2）你希望它更有层次一些，还是更炫酷一些？

2.拿到素材通常要做的简单工作

（1）栅格化；

（2）使用透视；

（3）新建图层蒙版。

3.一些技巧

（1）养成好的习惯，按Ctrl+J快捷键复制图层后再处理照片；

（2）想好你要做什么，然后再做；

（3）新建文件和图层时，养成起好名字的好习惯。

作业

磨砂背景

使用提供的素材完成图片特效的制作。

核心知识点：滤镜、渐变、混合选项等。

尺寸：自定。

颜色模式：RGB色彩模式。

分辨率：72ppi。

作业要求：

（1）使用提供的素材进行特效制作；

（2）熟练掌握渐变、滤镜和混合选项等功能的使用；

（3）需保存为JPG格式文件。

模块6 综合实训

本章综合运用抠图、修图、调色、合成和特效技能来完成。本章的案例均源自真实的商业案例，需要运用到多种Photoshop技法才能实现。在学习本章内容时，建议多观看教学视频，因为很多细节的处理无法在书中用文字表述清楚。

项目1 普通人像封面照修饰

项目2 模特封面照修饰

项目3 汽车广告

项目1 普通人像封面照修饰

学习目标

掌握综合应用修图、调色工具将普通人像制作成漂亮的封面照的方法。

任务实施

视频：视频\模块6\1普通人像封面照修饰
素材：练习\模块6\项目1 普通人像封面照修饰\普通人像

1. 修脸型和手臂

❶ 打开素材图片，按 Ctrl+J 快捷键，复制图层，背景层作为原图的备份。

❷ 图中圈出的地方是在整体修形时需要调整的。

⓪③ **调整脸型** 用“套索工具”圈选左脸，圈选区域尽量大些，便于调整。单击鼠标右键，在弹出的菜单中选择“羽化”命令，设置“羽化半径”为“10 像素”。

⓪④ 按 Ctrl+J 快捷键，复制图层。按 Ctrl+T 快捷键，单击鼠标右键，在弹出菜单中选择“变形”命令。向右拖曳即可瘦脸，注意不要有衔接不上的地方。

⓪⑤ 按下 Enter 键，单击“图层”面板的“添加图层蒙版”按钮，选择“画笔工具”，设置前景色为黑色，“不透明度”为“50%”，涂抹脸部衔接的痕迹。

⓪⑥ 合并除背景层外的图层，用“套索工具”圈选右脸，进行羽化，“羽化半径”为“10 像素”。

⓪⑦ 按 Ctrl+J 快捷键复制图层。按 Ctrl+T 快捷键，单击鼠标右键，在弹出菜单中选择“变形”命令，用鼠标向左拖曳即可瘦脸。若有衔接不好的地方，可添加蒙版，用画笔擦除。

提示

在修形前。需要观察图片人物有哪些形体问题。通常都需要瘦脸，没有专业造型师打造发型，所以在发型上或多或少都有不饱满的地方，还有胳膊和肩膀都需适当调整。修完形体之后，再对五官进行细致的雕琢。

提示

调整形体时用到最多的就是“自由变换”里的“变形”功能。在调整脸型时，如果用鼠标直接拖曳中间区域来调整大的形体，那么经常会出现边缘衔接不好的情况，这时可拖曳边缘的控制点来尽量衔接边缘。

⑧ 合并除背景层外的图层，用“套索工具”圈选手臂外侧，进行羽化，“羽化半径”设置为“10 像素”。

⑨ 按 Ctrl+J 快捷键复制图层。按 Ctrl+T 快捷键，单击鼠标右键，在弹出菜单中选择“变形”命令，用鼠标向左拖曳即可瘦手臂。若有衔接不好的地方，可添加蒙版，用画笔擦除。

⑩ 合并除背景层外的图层，若觉得手臂不够纤细，可用“套索工具”圈选手臂内侧，进行羽化，设置“羽化半径”为“10 像素”。

⑪ 按 Ctrl+J 快捷键复制图层。按 Ctrl+T 快捷键，单击鼠标右键，在弹出菜单中选择“变形”命令，用鼠标向右拖曳，按回车键，完成瘦手臂操作。合并除背景层以外的图层。

2. 修五官

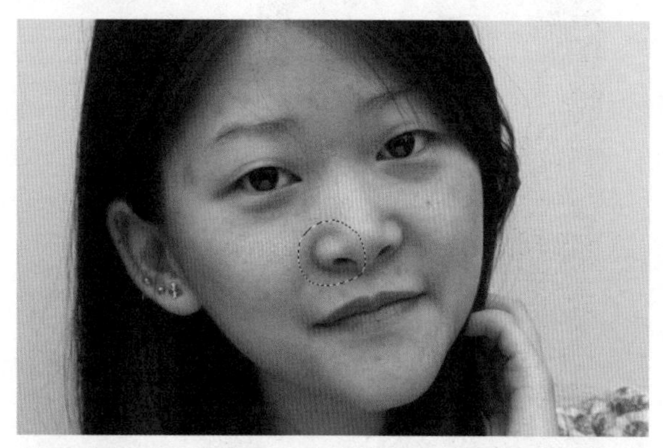

⓵ **调整鼻头** 用“套索工具”圈选左鼻翼，进行羽化，设置“羽化半径”为“5 像素”。

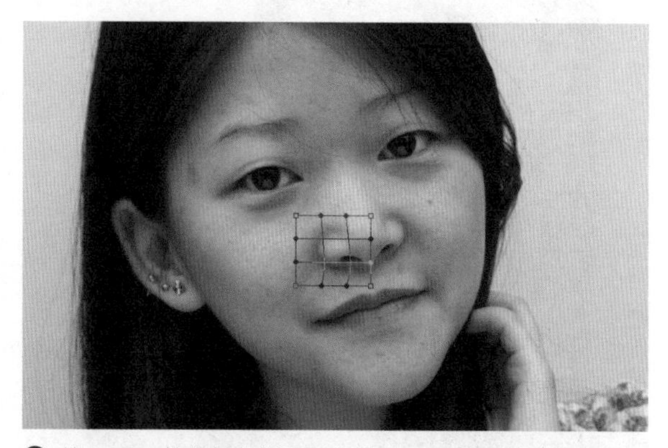

⓶ 按 Ctrl+J 快捷键复制图层。按 Ctrl+T 快捷键，单击鼠标右键，在弹出菜单中选择“变形”命令，用鼠标稍微向右拖曳一点即可。

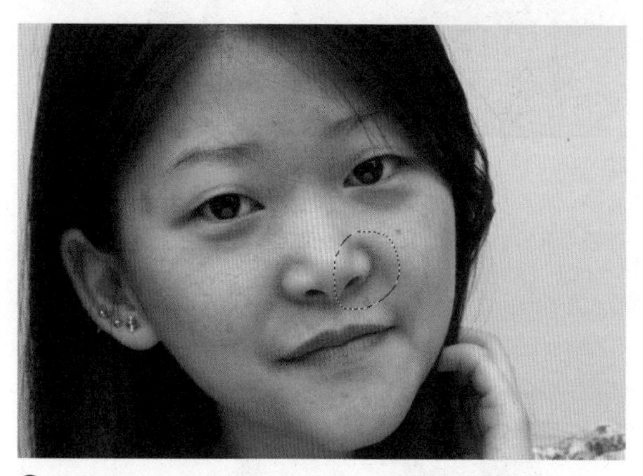

⓷ 合并图层，用“套索工具”圈选右鼻翼，进行羽化，设置“羽化半径”为“5 像素”。

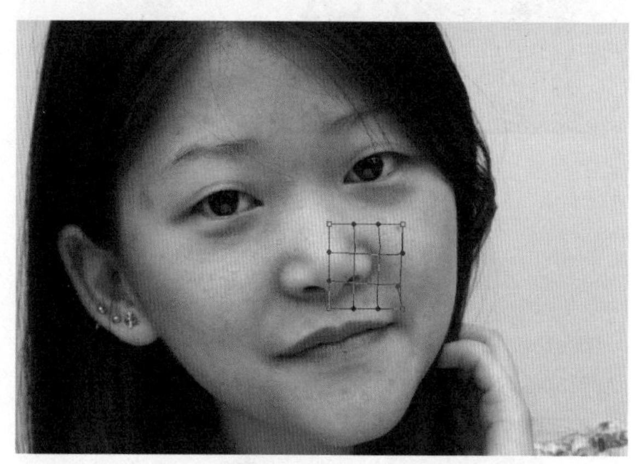

⓸ 按 Ctrl+J 快捷键复制图层。按 Ctrl+T 快捷键，单击鼠标右键，在弹出菜单中选择“变形”命令，用鼠标稍微向左拖曳一点即可，两边的鼻翼要对称，合并图层。

3. 修饰细节

⓵ 执行“滤镜”\“液化”菜单命令，用“缩放工具”放大面部，用“向前变形工具”细微调整脸型、鼻子和耳朵，用“膨胀工具”稍微放大眼睛。注意，这些操作都是很细微的调整。

⓶ 用“向前变形工具”调整手臂轮廓和发型，使它们饱满；调整嘴角，使其微微翘起，笑容不会显得僵硬。

4. 修补头发

01 图上红色标记处的头发不是很顺，可以用“仿制图章工具”修补。按 Ctrl+J 快捷键复制图层。

02 根据修补面积调整“仿制图章工具”的画笔大小，“不透明度”为“70%”~“100%”，根据调整情况而定。按住 Alt 键，用鼠标单击需要修补地方附近的位置取样，涂抹时一定要顺着头发的纹理。

5. 修脏点

01 选择“污点修复画笔工具”，调整画笔大小，让其比去掉的痘痘大一圈，单击即可去掉痘痘，将脸上单独的痘痘去除干净。

02 用“修补工具”修掉面积较大的脏点，圈选出脏点区域，选区尽量精准，用鼠标顺着皮肤纹理拖曳至好的区域即可，将脸上面积大的脏点和单独的发丝修掉。

6. 美化皮肤

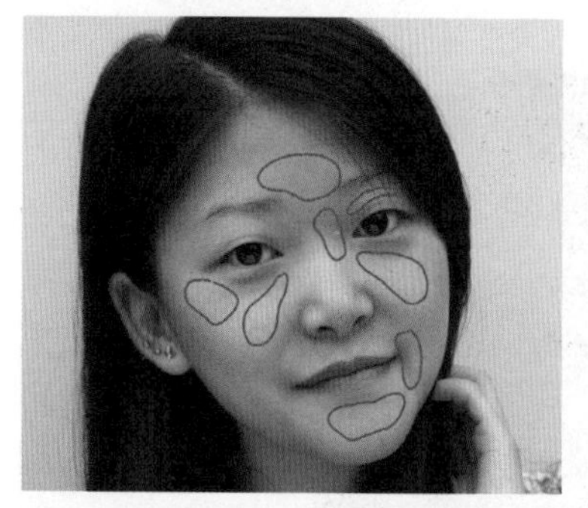

01 通常人的额头、脸颊、鼻翼附近和下巴容易出现皮肤粗糙和黑头的情况，需要用“仿制图章工具”修复这些问题。

02 按 Ctrl+J 快捷键复制图层，选择“仿制图章工具”，“不透明度”为“5%”～“10 %”，按住 Alt 键在皮肤粗糙部位的附近取样，慢慢在粗糙的部位涂抹。接下来多次变换取样点，多次单击涂抹，让皮肤变得柔和。

03 鼻子到嘴巴这块三角区域需要修干净，因为这会使人的脸部看起来很清爽。

04 **去眼袋和法令纹** 按住 Alt 键在眼袋下方的皮肤取样，然后用“仿制图章工具”涂抹眼袋，让眼袋变淡。用同样的方法减淡法令纹。

05 把“仿制图章工具”的“不透明度”调高到“15%”～“20%”。因为图片的视觉中心一般集中在面部，所以身体就不需要保留太多质感，提高不透明度，会更容易把皮肤涂抹均匀。

提示

眼袋太深，会让人显得没精神，适当减淡会让人显得精神、年轻。但需要注意的是，一定不要把眼袋完全涂抹掉，否则会破坏面部结构，让人看起来很奇怪。

06 用“套索工具”圈选嘴唇，单击鼠标右键，在弹出菜单中选择“羽化”命令，将“羽化半径”设置为“5 像素”。

07 新建曲线调整层，用鼠标向上拖曳曲线，提亮嘴唇。

⑧ 按住 Ctrl 键，单击嘴唇曲线调整层的蒙版，载入选区。新建色彩平衡调整层，为嘴唇添加红色和黄色，参数为（+11，0，-5），即完成调整嘴唇颜色的操作。

⑨ 选择美化皮肤后的图层，用“套索工具”圈选左边瞳孔的下半部分，按住 Shift 键，圈选右边瞳孔的下半部位，进行羽化，“羽化半径”为“3 像素”。

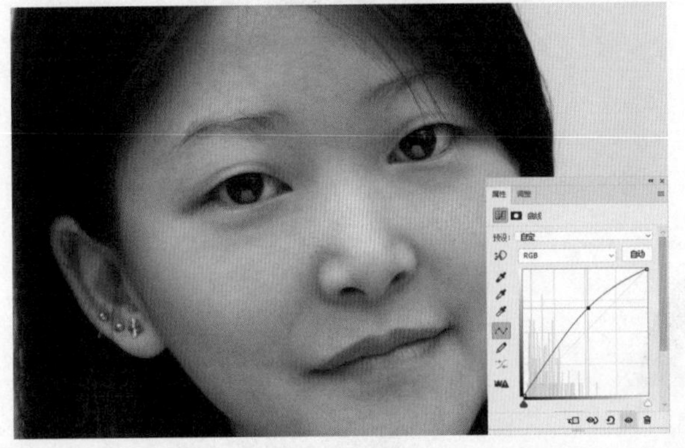

⑩ 新建曲线调整层，用鼠标向上拖曳曲线，提亮瞳孔。

⑪ 用“套索工具”圈选眼睛，进行羽化，设置“羽化半径”为“5 像素”。

提示

一般没化妆的人，嘴唇都会有些偏暗，所以将嘴唇调亮些，再增加一些红色，会让人更漂亮。明亮的眼睛会让人看起来有神，所以需要稍微加强眼白和瞳孔的对比度。注意，在调整时，眼白不能调整得太白，否则效果会适得其反。

⑫ 新建亮度 / 对比度调整层，设置“亮度”为“9”，“对比度”为“20”，即完成调亮眼睛的操作。

7. 修补眉毛

❶ 按 Ctrl+J 快捷键，复制美化皮肤后的图层。选择“加深工具”，设置“曝光度”为“7%”，涂抹眉毛缺失的地方。调小画笔，涂抹眉尾，使眉尾稍微长一些。用“减淡工具”稍微涂抹眉头，减淡颜色。

❷ 用“套索工具”圈选两边的眉毛，进行羽化，设置“羽化半径”为“5 像素”，新建曲线调整层，用鼠标向下拖曳曲线，压暗眉毛，使其看起来更浓密。

8. 调色

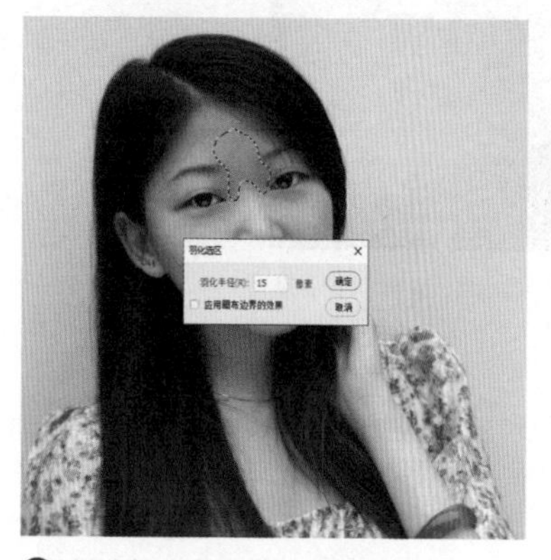

❶ 额头部分有些暗，需要提亮，用“套索工具”圈选额头中间部分，进行羽化，设置“羽化半径”为“15 像素”。

❷ 新建曲线调整层，稍微向上拖曳一点曲线，提亮额头。

❸ 鼻梁稍微有点曝光过度，需要压暗，用“套索工具”圈选鼻梁，进行羽化，设置“羽化半径”为“15 像素”。

❹ 新建曲线调整层，用鼠标稍微向下拖曳一点曲线，压暗鼻梁。

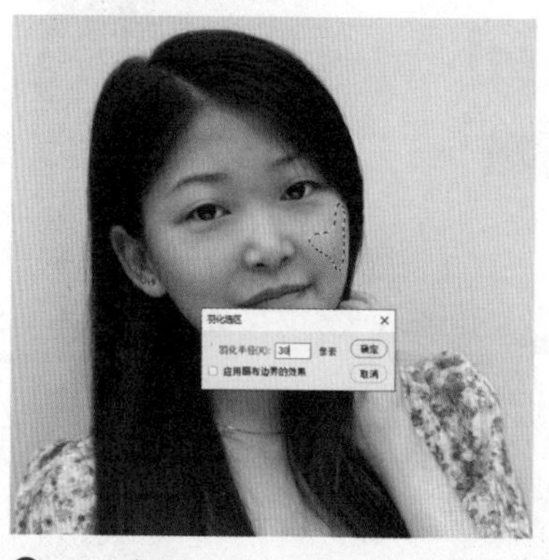

❺ 用“套索工具”圈选右侧的脸颊，进行羽化，设置“羽化半径”为“30 像素”。

❻ 新建曲线调整层，用鼠标稍微向上拖曳一点曲线，提亮脸颊。

07 整体调整一个色调 在图层最上方，新建曲线调整层，将红通道的暗部曲线向上拖曳，将蓝通道的暗部曲线向上拖曳，使图片色调偏粉。

08 调整皮肤颜色 新建可选颜色调整层，“红色”设置为（+11，0，-6，0），“黄色”设置为（+3，0，-7，0）。

09 调整画面颜色，使其偏暖 新建色彩平衡调整层，“中间调”设置为（+6，0，-9），“高光”设置为（+5，0，-4）。

10 改变背景颜色 将前面调整五官的调整层和美化皮肤图层合并，用“快速选择工具”选择人物。

11 单击鼠标右键，在弹出菜单中选择“调整边缘”命令，设置“半径”为“9.5 像素”，“平滑”为“1”，“羽化”为“6 像素”。

⑫ 单击“确定”按钮，按 Ctrl+Shift+I 快捷键，反向选择选区。新建曲线调整层，先提亮背景，在各通道调整曲线，使背景偏黄。调整完成后，按 Ctrl+Shift+Alt+E 快捷键，盖印图层，按 Ctrl+T 快捷键，调整图片构图，按回车键，即完成普通人像的修图操作。

项目2 模特封面照修饰

学习目标

掌握综合应用修图、调色工具将模特照修饰成漂亮的封面照的方法。

任务实施

视频：视频\模块6\2模特封面照修饰
素材：练习\模块6\项目2 模特封面照修饰\模特照、封面文字

1. 修形

01 这是最终确定为封面的图片，图片清晰度，曝光、构图和模特表情都符合封面的要求。

02 修掉相机产生的脏点和背景的脏点。按 Ctrl+J 快捷键，复制背景层，用“修补工具”圈选出右下角的脏点，用鼠标将其拖曳至附近干净的区域。

03 **观察模特有哪些形体问题** 额头凸起的地方要修圆润，还要瘦脸、瘦胳膊，并且调整衣服褶皱。

提示

在修形时要注意，不能将人物的脸型修得太尖，也不能将胳膊、腰和腿修得过细，在自然协调的前提下，稍加修饰即可。如案例中的模特，本身就很苗条，我们只需进一步的美化，让模特看起来更有纤细的美感就行了。
还需要注意的是，在前面的内容讲解中，笔者都建议复制背景层，不在原图上操作，方便操作过程中的对比，以及日后若需要调整或有其他需求时，还可找到原图，所以我们在合并图层时，都要保留背景层不合并。

04 **瘦胳膊和腰** 用“套索工具”圈选胳膊，圈选的范围尽量大一些，这样才能有足够的调整空间。

05 单击鼠标右键，在弹出菜单中选择“羽化”命令，设置“羽化半径”为“10 像素”。

06 按 Ctrl+J 快捷键，复制选区内容。按 Ctrl+T 快捷键，单击鼠标右键，在弹出菜单中选择“变形”命令，用鼠标向左拖曳曲线，使胳膊变瘦。注意衔接的地方不要有断层。

07 在胳膊图层，单击“添加图层蒙版”按钮，选择“画笔工具”，设置“不透明度”为“40%”，前景色选择黑色，涂抹衔接不自然的地方。

08 **瘦前臂** 合并图层，用“套索工具”圈选前臂内侧。

09 单击鼠标右键，在弹出的菜单中选择“羽化”命令，设置“羽化半径”为“10 像素”。

提示

调整形体时，不仅要放大图片看细节，也要缩小图片看整体，这样才能将形体调整得自然、协调。

⑩ 按 Ctrl+J 快捷键复制图层。按 Ctrl+T 快捷键，单击鼠标右键，中弹出菜单中选择“变形”命令，用鼠标向左拖曳曲线，使前臂变瘦。

⑪ 选择前臂图层，单击“添加矢量蒙版”按钮，选择“画笔工具”，设置“不透明度”为“40%”，前景色为黑色，涂抹衔接不自然的地方。如果涂抹错了，可以单击切换前景色和背景色的按钮（快捷键 X），使前景色变为白色，涂抹即可擦掉错误的地方。合并图层。

⑫ **调整脸部** 用“套索工具”圈选右脸轮廓，单击鼠标右键，在弹出菜单中选择“羽化”命令，设置“羽化半径”为“10 像素”。

⑬ 按 Ctrl+J 快捷键，复制脸部图层。按 Ctrl+T 快捷键，单击鼠标右键，在弹出菜单中选择“变形”命令，向上轻微拖曳曲线即可瘦脸，按下回车键，并合并图层。

⑭ 用“套索工具”圈选左脸轮廓，单击鼠标右键，在弹出菜单中选择“羽化”命令，设置“羽化半径”为“10 像素”。

⑮ 按 Ctrl+J 快捷键复制图层。按 Ctrl+T 快捷键，单击鼠标右键，在弹出菜单中选择“变形”命令，用鼠标向右轻微拖曳曲线。然后合并图层。

⑯ **调整头部倾斜度** 用“套索工具”圈选头部，单击鼠标右键，在弹出菜单中选择“羽化”命令，设置“羽化半径”为“10 像素”。

⑰ 按 Ctrl+J 快捷键复制图层。按 Ctrl+T 快捷键，将中心点放在脖子的位置，将鼠标指针放在右上角的锚点外，指针变为旋转图标后，向左拖曳即可旋转，角度为 2°~3°。

⑱ 单击“添加矢量蒙版”按钮，用“画笔工具”涂抹衔接不自然的地方，如手指、头发、脖子和墙壁等处，涂抹完成后合并图层。

⑲ **调整肩膀** 用“套索工具”圈选肩膀，单击鼠标右键，在弹出菜单中选择“羽化”命令，设置“羽化半径”为“10 像素”。

⑳ 按 Ctrl+J 快捷键复制图层。按 Ctrl+T 快捷键，单击鼠标右键，在弹出菜单中选择“变形”命令，用鼠标向下轻微拖曳曲线即可，按下回车键。然后合并图层。

㉑ **调整形体细节** 按下 Ctrl+J 快捷键复制图层，为图层起好名字，执行“滤镜”\“液化”命令，放大头部，用“向前变形工具”调整额头，使其圆滑。

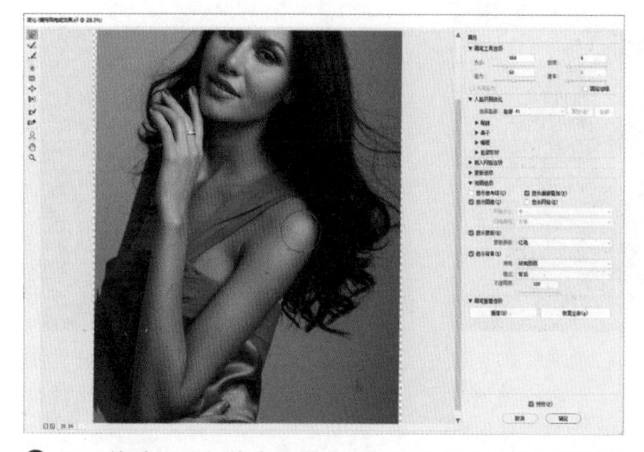

㉒ 用“缩放工具”缩小画面，用“向前变形工具”细微调整脸型、肩膀、手臂和衣服褶皱。

㉓ **调整眼睛** 用“膨胀工具”，将画笔调整到与瞳孔大小一致，从中间向两边单击即可使眼睛变大的同时不变形。

❷❹ **调整鼻子更挺拔、笔直** 用“向前变形工具”稍微收一下鼻梁中的骨骼，再将两边鼻翼稍微往里收一点。

❷❺ **调整嘴型** 用“向前变形工具”分别轻微地下压上嘴唇，并上提下嘴唇。

❷❻ **调整发型轮廓** 用“向前变形工具”向上提头发顶部凹下去的地方。

提示

在用“液化”功能调整人物细节时，“画笔密度”的参数不要设置得太大，一般在 20 以下即可，数值太大容易使形体扭曲变形。随时按“【”或“】”键调整画笔大小，以适合调整区域，随时放大或缩小画面，进行整体和局部的观察。

❷❼ 调整完形体的效果如图所示。

2. 修脏

01 **祛痘** 按Ctrl+J快捷键复制图层，为图层起好名字。用“污点修复画笔工具”去除单独的痘痘，用【或】键，调整画笔大小，让画笔刚好比痘痘大一圈，单击痘痘即可将其去除。

02 **去除大面积脏点** 按Ctrl+J快捷键复制图层，为图层起好名字。用“修补工具”修补脸部的脏点，用鼠标顺着皮肤纹理向好的地方拖曳。

03 用“修补工具”去除颈纹和身体上的脏点。

提示

用“修补工具”圈选的范围要尽量精确，不要圈选不必要的区域或圈选一半。要尽量将脏点拆分为小块进行修补，这样才能保留好皮肤的细节。如果修补的边缘有脏的部分，可以进行二次修补。要不断放大和缩小图片，这样既能观察图片的整体，也能观察图片的局部。

3. 调整人物的明暗结构

01 新建曲线调整层，将曲线向上拖曳，提亮的程度即是皮肤的高光点的亮度，不能太亮，应以能看到皮肤细节为标准。

02 为曲线调整层填充黑色，让其暂时不起作用。

03 新建曲线调整层，将曲线向下拖曳，压暗的程度即是皮肤最暗的地方的暗度，皮肤暗部要保留细节。为曲线调整层填充黑色，让其暂时不起作用。

04 选择“画笔工具”，设置“不透明度”为“10%”，前景色为白色，选择“暗”曲线调整层，涂抹脸部明暗过渡的地方，以及暗部区域里亮的地方。

05 选择“亮”曲线调整层，涂抹亮部区域里暗的地方，注意不能破坏人物本身的明暗结构，只能加强明暗和细微调整。将“不透明度”调高至“13%”，减淡法令纹和眼袋。

06 用相同的方法处理手臂的明暗，用“画笔工具”在“暗”曲线调整层涂抹手臂两侧。

07 用“画笔工具”在“亮”曲线调整层涂抹手臂的中间部位。

08 用“画笔工具”在“亮”曲线调整层涂抹颈纹、腋下。

09 用“画笔工具”在“暗”曲线调整层涂抹脖子和锁骨部位过亮的区域，以及亮暗不均的区域。

提示

在处理完明暗关系后，缩小画布，半眯着眼睛查看效果，这样的好处是，能够很好地看出是否有太亮或太暗的地方。最后可以在“暗”曲线调整层，调大画笔在脸颊两侧涂抹，可以使脸部看起来更立体。

4. 调整人物局部颜色

01 **调整额头颜色** 按 Ctrl+Shift+Alt+E 快捷键，盖印图层。用“套索工具”圈选额头偏青的部位，单击鼠标右键，在弹出菜单中选择“羽化”命令，设置“羽化半径”为“10 像素”。

提示

如何查看皮肤是否偏色？打开“窗口”\“信息”命令，用“信息”面板查看皮肤偏色，将指针放在皮肤上，正常皮肤的数值是：M 和 Y 的数值差不多，C 是 M 的 1/2 或 3/1，K 为 0。若超出这个标准，则皮肤偏色。

如何纠正皮肤偏色？从“信息”面板中可看出，皮肤是由红色和黄色组成的，用“可选颜色”对话框调整需要的颜色，如皮肤偏黄就减少黄色。人的面部，一般容易在眼角、眼袋、鼻子下部和嘴角等区域出现偏色，可以重点注意这些部位。

02 打开“图像”\“调整”\“可选颜色”命令，“颜色”选为“红色”，数值分别为 -7、0、-2、0。调整颜色没有绝对的数值，可通过“信息”面板查看调整前后的数值进行对比。

03 **调整眼袋** 用“套索工具”圈选眼袋，进行羽化，“羽化半径”为“10 像素”。

04 打开“可选颜色”对话框，选择“颜色”为“红色”，数值分别为 -13、0、-12、0。

05 **调整嘴角** 用“套索工具”圈选嘴角，进行羽化，“羽化半径”为“5 像素”。

06 打开“可选颜色”对话框，选择“颜色”为“红色”，数值分别为 0、0、-10、0；选择“颜色”为“黄色”，数值分别为 0、0、-6、0。

07 **调整鼻头** 用“套索工具”圈选鼻头，进行羽化，“羽化半径”为“5 像素”。

08 打开“可选颜色”对话框，选择“颜色”为“红色”，数值分别为 -8、0、-6、0。

⓽ **调整下颌** 用“套索工具”圈选下颌，进行羽化，“羽化半径”为“5 像素”。

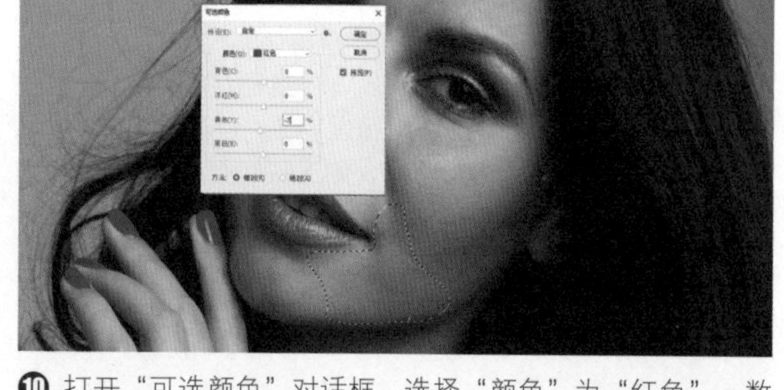

⓾ 打开“可选颜色”对话框，选择“颜色”为“红色”，数值分别为 0、0、-7、0。

⓫ **调整左眼袋** 用“套索工具”圈选左眼袋，进行羽化，“羽化半径”为“5 像素”。

⓬ 打开“可选颜色”对话框，选择“颜色”为“红色”，数值分别为 0、0、-7、0。

⓭ 调整完皮肤局部颜色后，要进行细致的磨皮工作。使用“仿制图章工具”，把“不透明度”降到“10%”以下进行涂抹，可以很好地保留皮肤质感，还能使皮肤看起来很细腻。

⓮ 按 Ctrl+J 快捷键，复制图层。用“仿制图章工具”涂抹时要注意，就近选择取样点，顺着皮肤纹理和明暗结构涂抹，并随时缩小画布观察整体效果。

5. 调整五官和头发

❶ **调整眉型** 选择“加深工具”，设置“曝光度”为“5%”，涂抹眉型外轮廓不平整的地方。选择“减淡工具”，设置“曝光度”为“5%”，涂抹眉毛中较深的地方。

❷ **修补睫毛** 用“仿制图章工具”，设置“不透明度”为“80%”，按住 Alt 键在好的睫毛上取样，填补缺睫毛的地方，不用刻意填补整齐，自然即可。

❸ **调整眼睛外轮廓** 用“矩形选框工具”框选面部，执行菜单中“滤镜”\“液化”命令，用“膨胀工具”，调整画笔大小，使其比瞳孔稍大即可，单击右边眼睛的瞳孔和眼角以放大眼睛。

❹ 用“向前变形工具”调整眼睛的外轮廓。

❺ 用“修补工具”修补眼内的血丝，提亮眼睛。用“套索工具”圈选眼睛，进行羽化，“羽化半径”为“3 像素”。

⑥ 按 Ctrl+J 快捷键复制图层，设置“混合模式”为“滤色”，“不透明度”为“50%”。

⑦ **调整瞳孔颜色** 用“套索工具”圈选瞳孔，进行羽化“羽化半径”为“3 像素”。

⑧ 新建曲线调整层，向上拖曳曲线，将图片调亮。

⑨ 设置“混合模式”为“柔光”。

⑩ 按 Ctrl 键，单击曲线调整层蒙版，载入瞳孔选区，新建曲线调整层，用鼠标向下拖曳曲线，压暗图片。

⑪ 设置“混合模式”为“滤色”，则完成调整眼睛的操作。

⑫ 用“修补工具”修补嘴唇较深的裂纹，圈选裂纹，用鼠标顺着嘴唇纹理向好的地方拖曳。

⑬ 用“套索工具”圈选嘴唇，进行羽化，“羽化半径”为“6像素”。

⑭ 新建曲线调整层，将曲线调整为“S”形，加强立体感。

⑮ 按住Ctrl键，单击曲线调整层蒙版，载入嘴唇选区。新建色相\饱和度调整层，设置“色相”为“+10”，“饱和度”为“-8”。

⑯ **调整头发** 选择“仿制图章工具”，“不透明度”设置为“80%”，按住Alt键在头发顺滑的地方取样，顺着头发的走势涂抹不好的地方。设置“不透明度”为“100%”，适当擦掉头顶杂乱的头发。降低不透明度，在靠近头发的地方涂抹，不要将乱发涂抹得太整齐，适当保留一些，效果会更自然。

⑰ **调整头发明暗** 选择“快速选择工具”，在属性栏上设置“大小”为“50像素”，选择头发，设置“羽化半径”为“16像素”。

⑱ 按Ctrl+J快捷键复制图层，执行“图像”\“调整”\“阴影”/“高光”菜单命令，设置“数量”为“22%”，“色调”为“40%”。

⑲ 单击“添加矢量蒙版”按钮，选择“画笔工具”，设置前景色为黑色，“不透明度”为“40%”，擦除被调亮的背景。

⑳ 按Ctrl键，单击头发图层，载入选区，若有没选中的地方，用“快速选择工具”，调小画笔进行选择，然后设置“羽化半径”为“16像素”。

㉑ 新建曲线调整层，调整亮部曲线，提亮头发。

㉒ 设置“混合模式”为“明度”，则提亮头发，不改变头发的颜色。

㉓ 在选中蒙版的情况下，用黑色画笔涂抹被提亮的背景。

6. 调整衣服颜色

① 按 Ctrl+Shift+Alt+E 快捷键，盖印图层。执行菜单中的“选择”\“色彩范围”命令，勾选“本地化颜色簇”，单击“添加到取样”按钮，在画面中单击选取衣服的颜色，调整“颜色容差”和“范围”，使选择范围尽量精确。

② 单击“确定”按钮，新建色彩平衡调整层，选择“中间调”，设置参数分别为 -40、+9、+45。

③ 按住 Ctrl 键，单击色彩平衡调整层的蒙版，载入选区，新建亮度 / 对比度调整层，设置“对比度”为“18”。

7. 调整整体的色调

01 调整肤色 新建可选颜色调整层，将鼠标指针放在皮肤上，观察“信息”面板中的数值，根据数值调整可选颜色，适当减少红色。

02 整体色调 新建色彩平衡调整层，设置“色调”为“中间调”，参数设置分别为 -3、0、+4；设置“色调”为“高光”，参数设置为 -17、+9、+19。

03 新建亮度 / 对比度调整层，设置“对比度”为“11”。

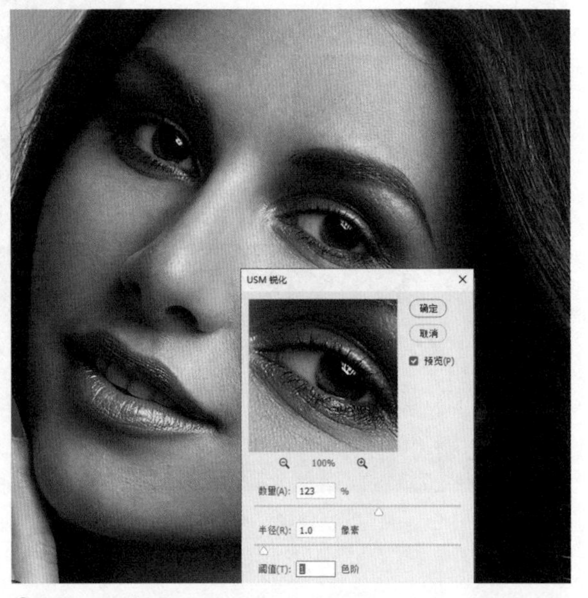

04 按 Ctrl+Shift+Alt+E 快捷键，盖印图层。双击“缩放工具”放大图片，执行“滤镜”\“锐化”\“USM 锐化”菜单命令，设置“数量”为“123%”，“半径”为“1.0 像素”，“阈值”为“1 色阶”。

提示

锐化的参数与图片大小和内容有关，如果图片较小，锐化的数量很低，效果就会很明显；如果图片较大，锐化的数量要大些，那么锐化的标准是图片没有明显的颗粒、噪点，但又有清晰感即可。人物照片的锐化要柔和，风景照片锐化的范围要大，范围取决于半径的数值。

05 锐化后的效果如图所示。

06 将“封面.tif”拖入到画布中，在封面图层旁单击鼠标右键，在弹出菜单中选择“栅格化图层”命令，用“套索工具”圈选下面的文字，用“选择工具”拖曳到画面下方，即完成杂志封面人物的操作。

提示

本例的杂志封面人物案例，重点在于讲解作为封面用图的照片该如何进行修图。修完图片后，需要将其置入到专业的排版软件中，如 InDesign，根据封面尺寸，可能还需要进行裁图，然后排入文字。这里笔者事先做好了封面文字内容，只作为最后演示效果使用。

项目3 汽车广告

学习目标

掌握综合应用抠图、合成、特效工具制作汽车广告的方法。

任务实施

视频：视频\模块6\3汽车广告

素材：练习\模块6\项目3 汽车广告\木板、座椅、幕布、幕布2、汽车、文字内容

1. 制作舞台

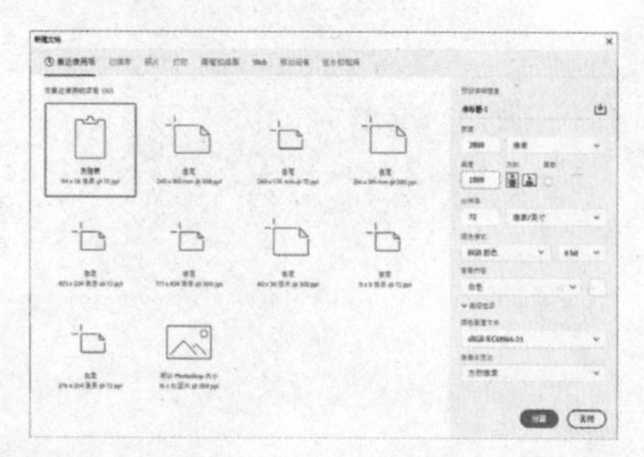

01 **新建文件** 执行“文件”\“新建”命令，设置“宽度”为“2880 像素”“高度”为“1800 像素”，“分辨率”为“72 像素 / 英寸”，“颜色模式”为“RGB 颜色”。

02 **制作圆形舞台场景** 双击前景色，设置为黑色，按 Alt+Backspace 快捷键，填充前景色。

03 将“木板 .jpg”拖入到画布中，按 Ctrl+T 快捷键，进入自由变换状态，单击鼠标右键，在弹出菜单中选择“透视”命令，向外拖曳右下角的锚点，向内拖曳右上角的锚点，使木板变为梯形，让其有纵深的感觉。单击鼠标右键，在弹出菜单中选择“缩放”命令，缩小木板以适合画布。

04 用“钢笔工具”在木板下方绘制弧形曲线，闭合路径。

05 按 Ctrl+Enter 快捷键，转换为选区，按 Ctrl+Shift+I 快捷键，选择反向选区。

❻ 单击“图层”面板的“添加矢量蒙版”按钮，木板的下方则变为弧形。

❼ **为木板添加阴影** 单击“图层”面板的“创建新图层”按钮，设置前景色为黑色。选择“渐变工具”，在属性栏上单击渐变条，选择黑－透明的渐变。

❽ 由四周往中心拖曳鼠标，制作阴影效果。

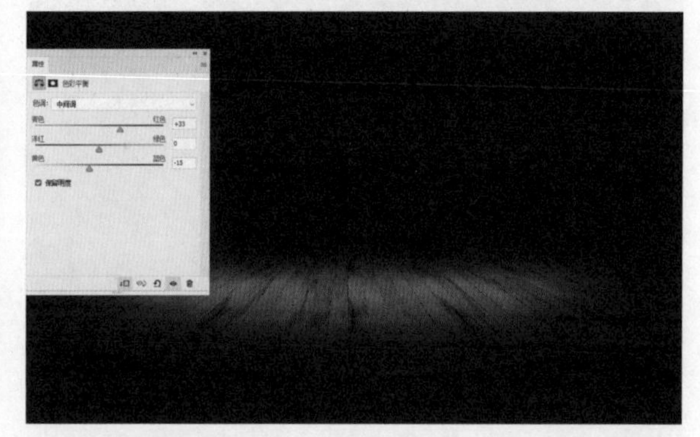

❾ **调整木板颜色** 选择木板图层，单击“创建新的填充或调整图层”按钮，在弹出菜单中选择“色彩平衡”命令，调整颜色使木板的颜色偏暖，单击“确定”按钮，按住 Alt 键单击调整层，使设置只对木板图层起作用。

❿ **添加座椅** 将“座椅 .jpg”拖曳到画布中，按住 Shift 键用鼠标调整图片大小，然后按 Enter 键确认调整。

⓫ 在“图层”面板中，单击鼠标右键，在弹出菜单中选择“栅格化图层”命令，单击“添加矢量蒙版”按钮，用“渐变工具”在座椅四周向中心拖曳，遮挡四边。

提示

在制作场景时，都需要定义一个主光源，将其他元素摆放到这个场景中，并在制作阴影时都以这个主光源为参考。

⓬ 按 Ctrl+T 快捷键，进入自由变换，缩小并拉长座椅，并将其放在舞台正上方，降低图层的“不透明度”为“50%”。

⓭ **添加幕布** 将“幕布 .psd”拖入到画布中，按住 Shift 键，调整图片大小。

⓮ 将“幕布 2.psd”拖曳到画布中，按住 Shift 键，调整图片大小，将其放在第 1 个幕布图层的下方。

⓯ 按 Ctrl+J 快捷键，将第 2 个幕布的图层复制一份。按 Ctrl+T 快捷键，单击鼠标右键，在菜单中选择“水平翻转”命令，将幕布放在舞台的右侧。

⓰ **绘制幕布阴影和光线** 在幕布的最上方新建图层，用黑 - 透明的渐变为两边的幕布加上阴影。

⓱ 在左边第 2 块幕布上方新建图层，选择“渐变工具”，用鼠标从左到右、由上到下拖曳，添加黑 - 透明的阴影。

提示

将素材拖曳到画布的方法有 3 种：第 1 种是通过执行菜单中的“文件”\“置入”命令，置入的图片，第 2 种是从文件夹中将图片拖曳到画布中，第 3 种是打开素材图片拖曳到画布中。用前两种方法置入的图片，在“图层”面板的右下角都会有个“智能对象缩览图”图标。为置入的图片添加蒙版时，若“添加矢量蒙版”按钮显示为灰色，可将图片栅格化处理，方法是在图层旁单击鼠标右键，在弹出菜单中选择“栅格化图层”命令即可。

⑱ 为阴影图层添加蒙版，选择“画笔工具”，设置前景色为黑色，擦除左下角多余的阴影。

⑲ 按 Ctrl+J 快捷键，将阴影图层复制，并放在右边第 2 块幕布图层的上方，按 Ctrl+T 快捷键，单击鼠标右键，在弹出菜单中选择“水平翻转”命令。

⑳ **添加幕布倒影** 选择左边第 2 块幕布，按 Ctrl+J 快捷键复制图层。按 Ctrl+T 快捷键，单击鼠标右键，在弹出菜单中选择“垂直翻转”命令，将倒影放在幕布下方。

㉑ 为倒影图层添加蒙版，用“渐变工具”由下至上拖曳，添加黑 - 透明的渐变。

㉒ 选择“选择工具”，按住 Alt 键用鼠标拖曳倒影至右边。按 Ctrl+T 快捷键，单击鼠标右键，在弹出菜单中选择“水平翻转”命令，将倒影放在右边幕布的下方。

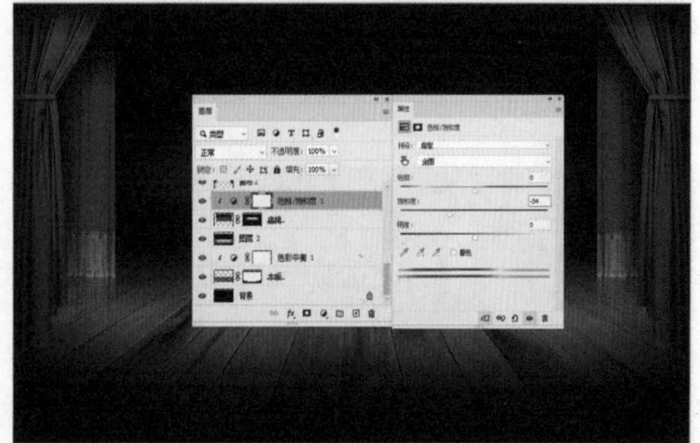

㉓ 将第 2 层幕布左右两边的幕布、阴影和倒影分别合并，并起好名字，在“幕布 2”图层上方添加色相 / 饱和度调整层，按住 Alt 键，单击上下两层的衔接处，使其只对“幕布 2”起作用，降低饱和度，使两层幕布有纵深的感觉。

2. 制作灯光

❶ **制作灯光** 在最上方新建图层，用“椭圆选框工具”绘制椭圆形，填充白色。

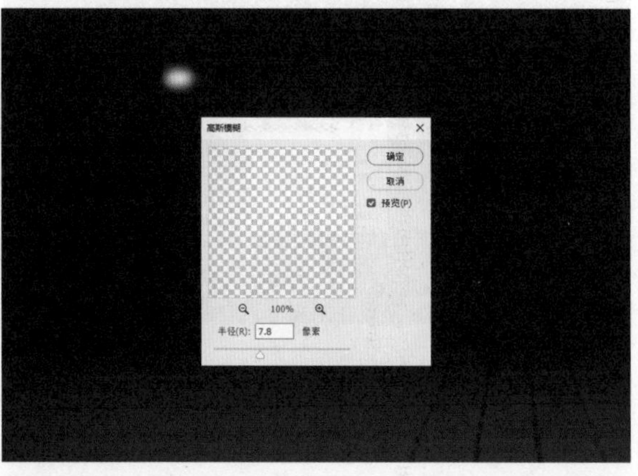

❷ 按 Ctrl+D 快捷键，取消选区，执行“滤镜”\“模糊”\“高斯模糊”菜单命令，设置“半径”为“7.8 像素”。

❸ 按 Ctrl+J 快捷键复制图层。按 Ctrl+T 快捷键，进入自由变换，通过透视和缩放调整灯光。

❹ 在“图层”面板最上方新建图层，用“椭圆选框工具”绘制椭圆形，用“吸管工具”吸取幕布的颜色，并填充。

❺ 按 Ctrl+D 快捷键，取消选区，执行“滤镜”\“模糊”\“高斯模糊”菜单命令，参数设置得稍大一些，使灯光有淡淡的红色光晕即可。

❻ 将制作灯的 3 个图层合并，起好名字，按住 Shift+Alt 快捷键同时按住鼠标左键，水平复制灯。

⓻ 复制 5 个灯，选择 5 个灯的图层，单击属性栏上的“按左分布”按钮，使它们之间的间距相等。

⓼ 将 5 个灯的图层合并，按住 Alt 键用鼠标拖曳灯，即可复制。按 Ctrl+T 快捷键，进入自由变换，按住 Shift+Alt 快捷键，用鼠标拖曳右下角的锚点，由中心等比例缩小灯，降低其图层的不透明度。

⓽ 按照上一步的方法，再复制一排灯，调整其大小和不透明度，整体调整灯的摆放位置和大小。

提示

在做合成操作时，会有很多的图层，所以一定要养成为图层起名字的好习惯。相关内容的图层可以编组，便于管理和选择。方法是按住 Shift 键，在“图层”面板中选择需要编组的图层，按 Ctrl+G 快捷键即可编组。

3. 放入汽车

01 打开“汽车.jpg”，用“钢笔工具”抠出汽车。

02 打开“窗口”\“路径”命令，将面板中的工作路径拖到“创建新路径”按钮上，即可保存路径，便于日后的调用。

03 按 Ctrl+Enter 快捷键，转换为选区，选择任意选框工具，在画布中单击鼠标右键，在弹出菜单中选择“羽化”命令，将“羽化半径”设置为“0.3 像素”，可以使边缘柔和，不出现锯齿。执行“选择”\“修改”\“收缩”菜单命令，“收缩量”设为“1 像素”，可以使汽车不漏背景边。

04 按 Ctrl+J 快捷键，复制汽车，单击“添加矢量蒙版”按钮，单击鼠标右键，在弹出菜单中选择“应用图层蒙版”命令，去除汽车背景。

05 将汽车拖曳到合层文件中，按 Ctrl+T 快捷键，进入自由变换，缩小汽车，使其适合舞台。

06 **微调汽车透视** 按住 Ctrl 键，用鼠标分别向下拖曳图中圈出的两个锚点，使汽车的透视更符合舞台场景。

提示

在抠完图后，可以在汽车图层下面新建图层，填充黑色，查看是否有漏背景边的地方，如果有，可以用“钢笔工具”将这些地方勾勒出来，然后选择图层蒙版，填充黑色即可去除漏边。

⑦ **制作汽车倒影** 按 Ctrl+J 快捷键，复制汽车，并将汽车倒影图层放在汽车图层下方。按 Ctrl+T 快捷键，单击鼠标右键，在弹出菜单中选择“垂直翻转”命令。

⑧ 单击鼠标右键，在弹出菜单中选择“变形”命令，调整倒影的 4 个车轮，使其贴合汽车的 4 个车轮。

⑨ 降低倒影的“不透明度”为“15%”，单击“添加矢量蒙版”按钮，用“渐变工具”，用鼠标由下至上拖曳，添加黑 - 透明的渐变。

⑩ **微调汽车倒影** 执行“滤镜”\“液化”命令，用“向前变形工具”调整轮子的形状，使其更贴合车轮。

⑪ **添加深色阴影** 在倒影图层上新建图层，用“钢笔工具”沿着轮子的外围勾勒一个闭合路径。

⑫ 按 Ctrl+Enter 快捷键，载入选区。

⓭ 选择“吸管工具”，单击地板最深的颜色来吸取颜色，按 Alt+Backspace 快捷键填充颜色。

⓮ 按 Ctrl+D 快捷键，取消选区，设置图层的“混合模式”为“正片叠底”，加深阴影。

⓯ 执行“滤镜”\“模糊”\“高斯模糊”菜单命令，设置“半径”为“4 像素”。

⓰ 按 Ctrl+T 快捷键，单击鼠标右键，在菜单中选择“变形”命令，调整阴影，确保阴影都在轮子的边缘处。

⓱ 为阴影图层添加蒙版，选择“画笔工具”，降低“不透明度”为“20%”，前景色为黑色，稍微擦一下阴影的边缘，使其更逼真。

⓲ **为汽车添加环境色** 在汽车图层上添加色彩平衡调整层，参数分别为 +7、0、-19，按住 Alt 键，单击两个图层之间的衔接处，使调整层只对汽车起作用。

4. 制作光效

⓿❶ **制作光效** 新建图层，用“钢笔工具”在舞台下方绘制一条不闭合的弧线。

⓿❷ 选择“画笔工具”，设置画笔的“大小”为“10 像素”，“硬度”为“0%”，“不透明度”为“100%”，前景色为白色，在“路径”面板中，单击鼠标右键，在弹出菜单中选择“描边路径”命令。

提示

画笔的大小即为光效的粗细。

⓿❸ 在弹出的对话框中，设置“工具”为“画笔”，勾选“模拟压力”，单击“确定”按钮，则出现一条两端细中间粗的描边，单击“路径”面板的空白处，取消路径的显示。

04 按 Ctrl+J 快捷键，复制光效图层，执行“滤镜”\“模糊”\“高斯模糊”菜单命令，设置“半径”为“10 像素”。

05 将光效图层的“不透明度”调整为“70%”。

06 用“椭圆选框工具”绘制椭圆形，填充白色。

07 按 Ctrl+T 快捷键，调整椭圆形的角度，使其与弧线的倾斜度一致。

08 按下回车键，再按 Ctrl+D 快捷键，取消选区，执行“滤镜”\“模糊”\“高斯模糊”菜单命令，设置“半径”为“3 像素”。

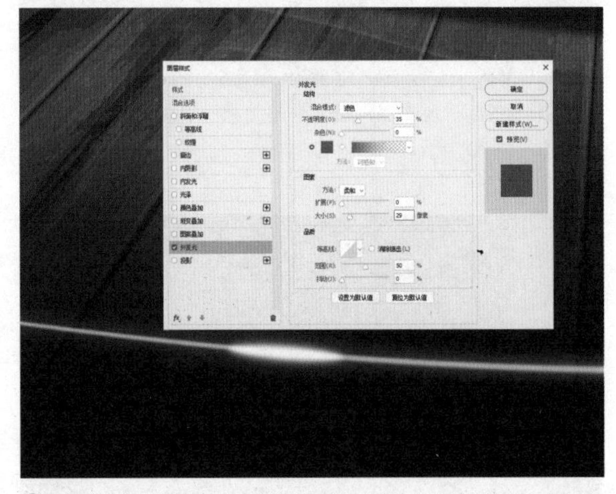

09 在椭圆灯光图层单击鼠标右键，选择“混合选项”命令，勾选“外发光”，单击颜色小方格，设置颜色为红色，“大小”为“29 像素”。

❿ 降低灯光图层的“不透明度”为“75%”。

⓫ 按Ctrl+J快捷键，复制灯光图层，执行“滤镜”\“模糊”\“高斯模糊”菜单命令，设置“半径”为“30像素”。

⓬ 按住Shift键选择两个灯光层，按Ctrl+T快捷键，拉长灯光，旋转角度，使灯光贴合弧形。

⓭ 将两个灯光图层拖曳至“创建新图层”按钮上，即可复制图层，按Ctrl+T快捷键，用鼠标向右拖曳，旋转角度，使灯光贴合弧形。

⓮ 按照上一步的操作再复制两个灯光，并分别用“自由变换工具”使它们贴合弧线。按住Shift键选择4个椭圆灯光和弧形，再按Ctrl+G快捷键，将它们编组。

5. 制作光墙

01 绘制光墙 单击“创建新组”按钮，光墙的图层都放在这个组里，单击“创建新图层”按钮，按住Shift键，用“钢笔工具”绘制一条竖线。

02 选择“画笔工具”，设置画笔“大小”为“5像素”，前景色为（R：253，G：222，B：98）。在“路径”面板中单击鼠标右键，在弹出菜单中选择“描边路径”命令，“工具”为“画笔”，不勾选“模拟压力”。

03 单击“确定”按钮，完成竖线的绘制。

04 新建图层，用“钢笔工具”勾勒弧形。

05 选择“画笔工具”，在“路径”面板中单击鼠标右键，在弹出菜单中选择“描边路径”命令，单击“确定”按钮。

06 新建图层，用“钢笔工具”在竖线上方勾勒弧形。

⓱ 选择“画笔工具”，在“路径”面板中单击鼠标右键，在弹出菜单中选择“描边路径”命令，单击“确定”按钮。

⓲ 新建图层，按住 Shift 键，用“钢笔工具”绘制一条竖线。

⓳ 选择“画笔工具”，在“路径”面板中单击鼠标右键，在弹出菜单中选择“描边路径”命令，单击“确定”按钮。

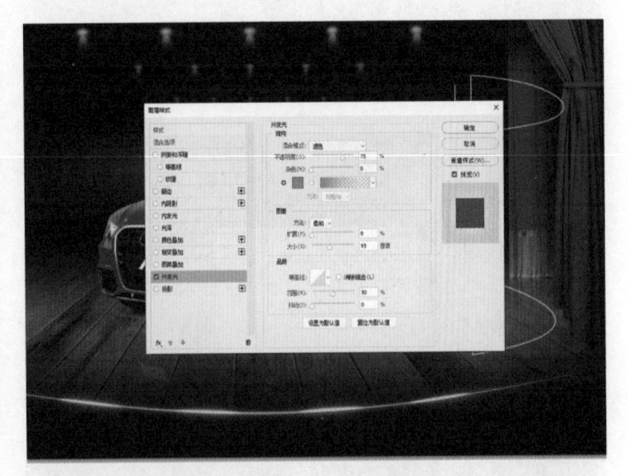

⓴ **设置线条的光效** 选择第 1 条竖线的图层，单击鼠标右键，在弹出菜单中选择“混合选项”命令，勾选“外发光”，单击颜色小方格，设置颜色为（R：232，G：148，B：97），“大小”为“95 像素”。

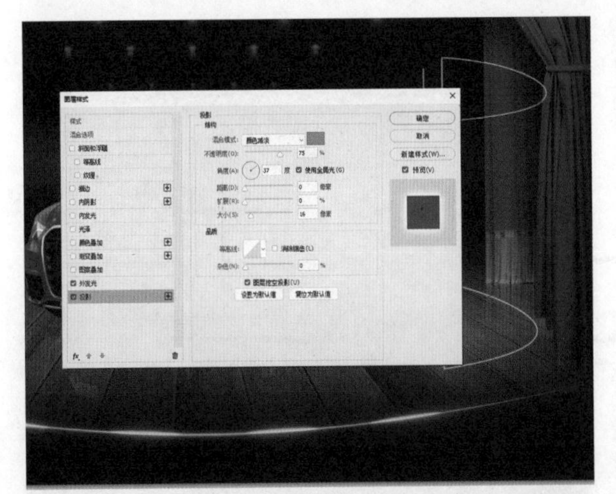

⓫ 勾选“投影”，单击颜色小方格，设置颜色为（R：233，G：158，B：40），“混合模式”为“颜色减淡”，“角度”为“37 度”，“大小”为“16 像素”。

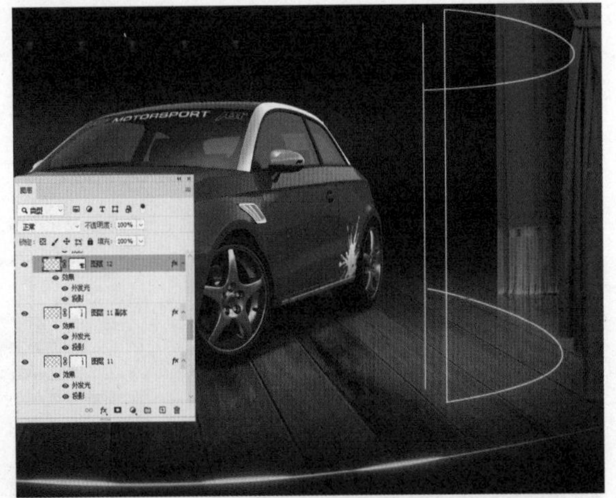

⓬ 按住 Alt 键，分别拖曳图层效果至其他线条图层。

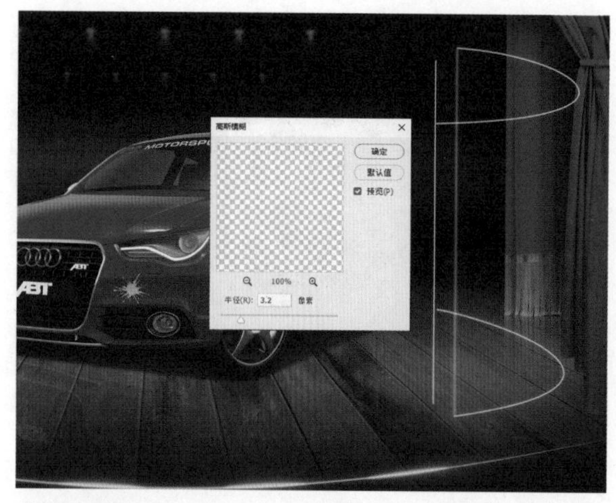

⑬ **柔和线条** 选择第 1 条竖线的图层，执行“滤镜”\“模糊”\“高斯模糊”菜单命令，设置“半径”为“3.2 像素”。

⑭ 单击“添加矢量蒙版”按钮，选择“画笔工具”，设置“不透明度”为“20%”，前景色为黑色，涂抹中间段的线条，使线条有过渡效果。

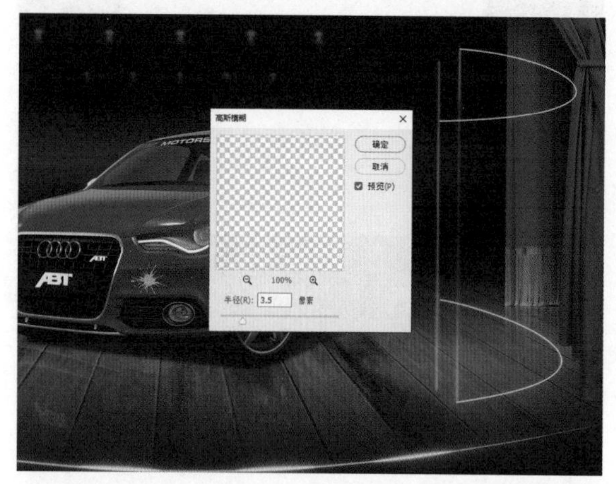

⑮ 选择第 2 条竖线的图层，执行“滤镜”\“模糊”\“高斯模糊”菜单命令，“半径”设置为“3.5 像素”。

⑯ 单击“添加矢量蒙版”按钮，用“画笔工具”涂抹中间段的线条。

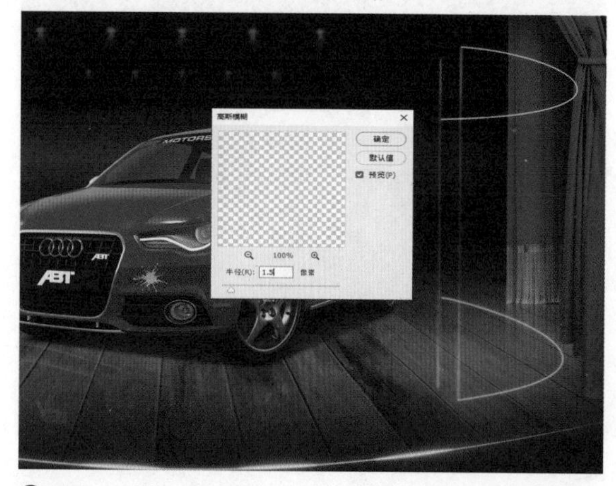

⑰ 选择下方的弧线图层，执行“滤镜”\“模糊”\“高斯模糊”菜单命令，设置“半径”为“1.5 像素”。

⑱ 单击“添加矢量蒙版”按钮，用“画笔工具”涂抹两端的线条。

⑲ 选择上方的弧线图层，执行“滤镜”\“模糊”\“高斯模糊”菜单命令，设置“半径”为“1.5 像素”。

⑳ 单击“添加矢量蒙版”按钮，用“画笔工具”涂抹尾部的线条。

㉑ **绘制墙面** 新建图层，用“钢笔工具”勾出墙面。

㉒ 按 Ctrl+Enter 快捷键，载入选区，选择“渐变工具”，设置前景色为（R: 252，G: 235，B: 167），用鼠标由上至下拖曳，填充黄 – 透明的渐变。

㉓ 降低墙面的图层的“不透明度”为“45%”，按 Ctrl+D 快捷键，取消选择。

㉔ 新建图层，用“钢笔工具”勾出墙面的厚度。

㉕ 按 Ctrl+Enter 快捷键，载入选区，选择“渐变工具”，用鼠标分别由上至下和由下至上拖曳，填充黄－透明的渐变。

㉖ 按 Ctrl+D 快捷键，取消选择，执行“滤镜”\“模糊”\“高斯模糊”菜单命令，设置“半径”为“2 像素”。

㉗ 新建图层，用“钢笔工具”勾出内墙面。

㉘ 按 Ctrl+Enter 快捷键，载入选区，选择“渐变工具”，设置前景色为（R：254，G：243，B：197），用鼠标由左上至右下拖曳，填充黄－透明的渐变。

㉙ 按 Ctrl+D 快捷键，取消选择。单击“添加矢量蒙版”按钮，选择“画笔工具”，设置前景色为黑色，“不透明度”为“20%”，涂抹右下方的内墙面，使其边缘柔和。

㉚ 选择内墙面图层，执行“滤镜”\“模糊”\“高斯模糊”菜单命令，设置“半径”为“4 像素”。

㉛ 用“钢笔工具”勾出后面的墙面。

㉜ 选择上面的弧线图层，再选择图层蒙版，用“画笔工具”擦除多余的线条。

㉝ 新建图层，按 Ctrl+Enter 快捷键，载入选区，选择“渐变工具”，用鼠标由上至下拖曳，填充黄 - 透明的渐变。

㉞ 降低墙面的“不透明度”为“40%”。

㉟ 为墙面图层添加蒙版，用“画笔工具”擦掉多余的地方。

㊱ 按住 Alt 键，用鼠标将弧线图层的效果拖曳至墙面图层，使各墙面都应用上投影和外发光效果。

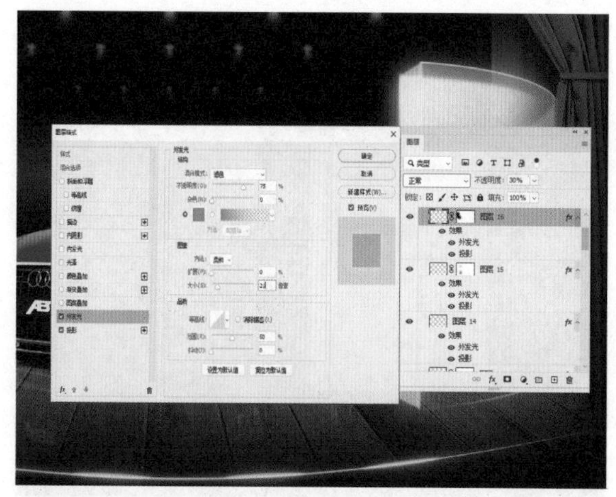

㊲ 外发光的效果太强，可以双击“图层”面板中的外发光效果层，改变“大小”即可。

㊳ 降低图层的不透明度，减弱发光效果。

㊴ 调整好各墙面的完成效果。

㊵ **加强线条的光效** 选择上弧线，按住 Ctrl+J 快捷键复制图层，执行“滤镜”\“模糊”\“高斯模糊”菜单命令，设置“半径”为“7 像素”。

㊶ 下弧线的调整方法与上一步相同。

㊷ **添加反光面** 新建图层，用“钢笔工具”勾出反光面。

㊸ 按住 Ctrl+Enter 快捷键，载入选区，选择“渐变工具”，设置前景色为白色，用鼠标由左至右拖曳，填充白－透明的渐变。

㊹ 降低反光面图层的“不透明度”为“25%”。

㊺ **微调光墙** 选择“画笔工具”，设置“不透明度”为“20%”，前景色为黑色，选择需要调整的图层，在图层蒙版中涂抹较亮的线条或墙面，可以降低其不透明度。

㊻ **添加高光点** 新建图层，用“画笔工具”，设置“不透明度”为“20%”，前景色为白色，调小画笔，在画面中双击，再依次调大画笔，在画面中单击，即可制作高光点。

㊼ 按住 Ctrl+T 快捷键，拉长和放大高光点，设置图层的“混合模式”为“叠加”。

㊽ 按住 Ctrl+J 快捷键，复制高光点图层。按住 Ctrl+T 快捷键，拉长和放大高光点。

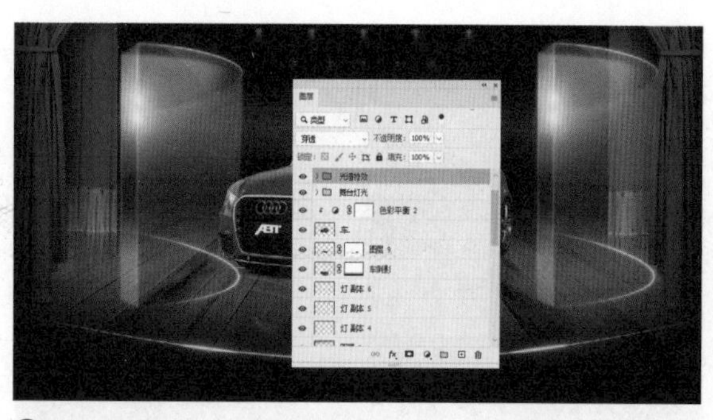

㊾ 单击图层组旁的三角形按钮，使展开的图层收起来，按住 Alt 键，用鼠标拖曳光墙至画布左边，即可复制。

㊿ 按住 Ctrl+T 快捷键，单击鼠标右键，在菜单中选择“水平翻转”命令。

51 选择左边光墙的高光点，调整位置，即完成光墙的制作。

52 将“文字内容 .psd”拖入画布中，调整位置，即完成汽车广告的操作。